Sitzungsberichte
der Akademie der Wissenschaften
der DDR
Mathematik – Naturwissenschaften – Technik

7N
1980

Einige Aspekte von Umweltschutz und Umweltgestaltung in Industrie und Landwirtschaft

AKADEMIE-VERLAG · BERLIN

Sitzungsberichte
der Akademie der Wissenschaften
der DDR
Mathematik — Naturwissenschaften — Technik

Jahrgang 1980 · Nr. 7/N

Einige Aspekte von Umweltschutz und Umweltgestaltung in Industrie und Landwirtschaft

AKADEMIE-VERLAG · BERLIN
1980

Vorträge gehalten in den Sitzungen der
Klasse Umweltschutz und Umweltgestaltung
der AdW der DDR am 8. Juni 1978, 21. September 1978
und 24. Mai 1979

Herausgegeben im Auftrage
des Präsidenten der Akademie
der Wissenschaften der DDR
von Vizepräsident Prof. Dr. Heinrich Scheel

Erschienen im Akademie-Verlag, DDR-1080 Berlin, Leipziger Str. 3–4

Lizenznummer: 202 · 100/68/80
Gesamtherstellung: VEB Druckhaus Köthen
Bestellnummer: 762 858 3 (2010/80/7/N) · LSV 0365
Printed in GDR
DDR 4,50 M

Inhalt

Hans-Günter Riedel

Aspekte technischer Stoffkreisläufe und abproduktarmer Technologie im System Umweltschutz/Umweltgestaltung und effektiver Energetik

In allen Entwicklungsepochen der Produktions- und Konsumtionsbereiche des Menschen sind sehr bemerkenswerte Überlegungen, Anstrengungen, aber auch praktische Erfolge zur Minderung oder Vermeidung des Anfalles von Abfällen oder deren Nutzung in Stoff- und Energiewirtschaft zu registrieren. Selbstredend waren solche Bemühungen stets vom Erkenntnisstand aber auch von den technischen Möglichkeiten und nicht zuletzt von den Bedürfnissen bzw. Notwendigkeiten geprägt und auch weitgehend begrenzt.

Heute begegnen uns Begriffe wie Recycle und abproduktfreie Technologie als moderne termini technici sehr häufig, und in der Tat verlohnt es sich, mit den in diesen Begriffen schlummernden Möglichkeiten erneut auseinander zu setzen. Bereits in unseren Tagen, aber noch bedeutend mehr in der Zukunft, werden diese Begriffe eine weitaus größere Aussagekraft und Relevanz erhalten. Diese Aussage läßt sich durch eine ganze Anzahl von Argumenten stützen, auf die nachfolgend eingegangen werden soll.

Vor allem erscheint es besonders bedeutsam, daß die Begriffe Recycle und abproduktfreie Technologie ganz bewußt in Gegenwart und Perspektive unter den Aspekten des Umweltschutzes und der Umweltgestaltung gesehen werden und zu behandeln sind.

Neue Betrachtungsweisen und Denkanstöße zu an sich bekannten Einzelkomplexen vermittelt uns in neuerer Zeit vor allem auch die Fähigkeit, verstärkt in interdisziplinären Gesamtzusammenhängen zu denken und zu arbeiten. So wird es immer notwendiger, auch den Begriff Umweltschutz und Umweltgestaltung in einem größeren System zu sehen und zu behandeln, wobei dieses System etwa durch folgende Begriffe umrissen sein möge: Rohstoffversorgung/Verarbeitungstechnologien/Technikentwicklung/Materialökonomie und Energieeffizienz/Gebrauchswertoptimierung in der Investitions- und Konsumtionssphäre/Ökologie/Biologie und Gesundheitswesen/Gesamtökonomie. Auf jedem einzelnen Gebiet vollziehen sich eminente Entwicklungen und sind für die Zukunft weiterhin zu erwarten.

Hinzu kommt die faszinierende Ausweitung der gesamten Stoff- und Energiewirtschaft innerhalb der letzten Jahrzehnte, die die Zahl der Probleme ungewöhnlich ansteigen ließ und besonders in den Industriestaaten mit hochentwickelter Produktion und Konsumtion zu früher nicht gekannten und erahnten Umweltbelastungen führte. Bedingt durch das weiter anhaltende schnelle Wachstum der Weltbevölkerung, ihrer Lebensbedürfnisse und den technischen Produktionsmöglichkeiten ergeben sich für die Zukunft wohl eher noch größere Aufgaben und Probleme des Umweltschutzes als bisher gekannt.

Die Erschöpfung mancher vorteilhafter Rohstoff- und Energiequellen einerseits, aber auch die technologische und technische Fähigkeit neuartige Stoffe zu kreieren und neue Energiesysteme zu erschließen, wirft sowohl materialökonomische wie auch Umweltschutzprobleme neu auf. Es gilt alle damit aufziehenden Probleme nicht nur frühzeitig zu erkennen, sondern auch Maßnahmen zu ihrer Beherrschung einsatzbereit zu halten. Toxikologische, technologische und ökonomische Problemkreise stehen auch dabei im Vordergrund.

Die biotischen Kreisläufe der Natur, vor allem die großen Stoff- und Energiekreisläufe, können bei weiterem nicht beherrschtem Wachstum durch antropogene Handlungen beeinflußt werden bzw. teilweise außer Kraft gesetzt werden. Störungen ökologischer Gleichgewichte werden bereits jetzt häufig beobachtet. Sehr entscheidend ist wohl auch der Umstand zu werten, daß der Mensch früher Stoffe aus dem biotischen System ohne irgendwelche Störungen desselben entnehmen und Abfälle zurückgeben konnte, da sie nach Menge und Qualität nicht entscheidend waren. Hingegen werden jetzt bereits Stoffe im steigenden Umfang produziert, die die natürlichen Systeme, vor allem Mensch, Tier, Pflanze, aber auch die gesamte Umwelt nicht mehr abzubauen vermögen.

Während der Biologe und Ökologe sich mit den Auswirkungen dieser Veränderungen insbesondere auseinanderzusetzen hat, ist es Aufgabe der Technologen, für die Einschränkungen der Emissionen bzw. vor allem für die Vermeidung toxischer Ausscheidungen und für die Reduzierung oder Verwertung nutzbarer Abprodukte zu sorgen.

Ein Bild von der Größenordnung der anstehenden Probleme vermitteln in etwa folgende Zahlenangaben: Zur Zeit wird in der DDR mit etwa 350 Abproduktarten gerechnet, die eine Masse von 86 Mill. t/a darstellen und die mit etwa $^1/_4$ einer Verwertung zugeführt wird. Der Siedlungsmüll wird allein für 1985 mit 32,6 Mill. m^3 pro Jahr eingeschätzt.

Der sowjetische Biowissenschaftler M. Kamschilow hat in seinem lesenswerten Buch „Das Leben auf der Erde“ (die Evolution der Biosphäre) Gedanken zu der obigen Thematik formuliert und weist einen Entwicklungsschritt von der Biogenese zu einer Noogenese auf. So falsch es ist, Kassandrarufe über nicht aufzuhaltende Entwicklungen auszustoßen, so falsch ist es auch, die Gewichtigkeit anstehender zweifellos schwierig zu lösender Probleme zu verschleiern. Vielmehr ist es gemeinsame Aufgabe aller Beteiligten, Möglichkeiten und Lösungswege aufzuzeigen. Die in der Thematik dieses Beitrages genannten Aspekte der Stoffkreisläufe und der abproduktfreien Technologie können und müssen wesentlich dazu beitragen, anstehende Probleme sowohl des Umweltschutzes wie auch der Materialökonomie zu lösen.

Zu einigen Begriffs- und Definitionsfragen

Nicht ganz zu Unrecht wurde der Begriff „abproduktfreie Technologie“ aus mehreren Gründen einer Kritik unterzogen. Es wurden Vorschläge unterbreitet, anstelle von „abproduktfrei“ lieber „abfallfrei“ zu sprechen. Auch wäre es vielleicht ratsamer, anstelle von „abfallfrei“ nur von „abfallarm“ zu sprechen. Im Energiesektor hat sich die wenig ansprechende Bezeichnung „Anfallenergie“ für solche Energiepotentiale eingebürgert, die in Form von Abwärmen oder potentieller Energie für eine Nachnutzung noch bereitstehen. Zum Begriff der „abproduktfreien Technologie“ ist vor allem grundsätzlich zu bemerken, daß weite Gebiete der gesamten Stoffwirtschaft nach ihrer Aufgabenstellung ja gerade darauf ausgerichtet sind, Stoffe zu trennen, um solche Stoffe auszuhalten und abzusondern, die entweder in der weiteren Verarbeitung stören oder deren Anwesenheit den Gebrauchswert der Hauptprodukte herabsetzen. Es liegt also im Grunde genommen eine gezielte Abproduktproduktion als Aufgabe vor. Immer höhere Ansprüche an die Qualität vieler Endprodukte zwingt zu einer immer radikaleren selektiven Stofftrennung mit den entsprechenden Stoffabgängen. Desgleichen bringt häufig der Einsatz stärker verunreinigter Rohmaterialien in die Prozesse ebenfalls steigende Anforderungen an die Stoffabtrennung. Aber auch im Bereich der Stoffvereinigung, Stoffwandlung und in den Synthesen wird es nur hin und wieder gelingen, die Prozeßgestaltung so vorzunehmen, daß keine Abprodukte entstehen bzw. wird nur in Ausnahmefällen die Rückführung eines Abfallproduktes unmittelbar in die gleiche Prozeßstufe möglich sein. Dies gilt natürlich auch für die gleichzeitig anfallenden Anfallenergiemengen. So wird man sich von dem Gedanken frei machen müssen, daß die abproduktfreie Technologie in einer Prozeß- oder Technologiestufe realisierbar ist, vielmehr muß man zu einer komplexeren Betrachtung übergehen. Dabei ist es ratsam, den Weg eines Produktes in seiner Gesamtheit mit all seinen Abfallanfällen zu verfolgen, d. h. von der Gewinnung der Rohstoffe und Rohstoffaufbereitung ausgehend über die zumeist vielfachen Umwandlungsstufen fortführend, dabei auch die Transport- und Lagerungsstufen einschließend, bis hin zum Endgestaltungsprozeß. Auch der nachfolgende Funktionseinsatz und letztlich auch die Problematik, die nach Beendigung der Nutzung entstehen, sollte in die Betrachtung mit eingeschlossen werden.

Damit führt die Betrachtung geradewegs zu einer integrierten Abproduktwirtschaft, die die gesamten Technologieketten erfaßt. Anstelle der Vernichtung ist eine optimale und maximale Nutzung aller Abfallprodukte vorzusehen unter Berücksichtigung der Forderungen des Umweltschutzes. Damit ist aber auch bereits die Brücke zu dem Begriff technischer Stoffkreisläufe geschlagen. Solche Stoffkreisläufe, z. T. aber auch energetische Kreisläufe, lassen sich auf verschiedensten Ebenen nun durchführen, d. h. sowohl auf einer technologischen Ebene innerhalb eines Werkes oder eines Werksverbandes, darüber hinaus in gewissen territorialen Bereichen bis hin zur Wirtschaft eines ganzen Landes oder über die Landesgrenzen hinaus, wie es das Beispiel der internationalen Schrottverwertung zeigt. Während bisher bereits einige relativ leicht zu organisierende Kreislaufsysteme z. B. für Papier, Textilien, Altöl, Glas gut funktionieren, werden solche für andere Stoffe wie z. B. Plaste und Elaste bald folgen, ja man könnte für die spätere Zukunft sogar die Organisation eines Kohlenstoffkreislaufes vielleicht arrangieren. Der Aufwand für Erfassung, Reinigung und sonstige Wiederaufbereitung sowie die zunehmende Verschmutzung ständig im Kreislauf geführter Stoffe stellen dabei nicht übersehbare Probleme und Anforderungen dar.

Über die Hauptziele und Arbeitsrichtungen der Abproduktwirtschaft

Aus dem vorangegangenen war bereits ersichtlich, daß es das Hauptanliegen ist, die Interessen des Umweltschutzes und die der Umweltgestaltung mit denen der Materialökonomie insbesondere unter dem Gesichtspunkt einer laufend schlechter werdenden Rohstoffsituation und dem Zwang zur hohen Energieeffektivität sicher zu stellen. Aus dieser Hauptarbeitsrichtung lassen sich nunmehr eine Reihe von Einzelzielsetzungen logisch ableiten:

1. An die Spitze aller Bemühungen seien hier aufgrund der eingangs geschilderten Belastungen der Biosphäre alle Maßnahmen zum Umweltschutz gestellt. Dies gilt vor allem für die Sanierung wie aber auch für die Prophylaxe. Recycle, Abproduktwirtschaft und abproduktfreie Technologie sollten in diesem Zusammenhang als ein wirksames Mittel zum Erreichen der gesteckten Ziele angesehen und genutzt werden.

2. Anfallende Abprodukte sollten, soweit die Voraussetzungen hierfür gegeben sind, im Kreislauf wieder als Rohstoff eingesetzt werden oder aber in anderen Produktionen sowohl als Roh- wie auch als Zwischenprodukt Verwendung finden.

3. Ein breites Einsatzgebiet tut sich für Abprodukte häufig als Werkstoff im weitesten Sinne des Wortes auf. Auf die weiten Einsatzgebiete innerhalb des Bauwesens sei nur kurz hingewiesen, aber auch auf die Möglichkeiten zur Herstellung sog. Verbundwerkstoffe, die die Vorzüge mehrerer Abfallstoffe miteinander auszunutzen gestatten.

4. Eine Arbeitsrichtung, die bisher leider noch zu wenig Beachtung gefunden hat, ist in der Aufdeckung spezifischer Eigenschaften von Abfallprodukten zu sehen, die ihren Einsatz als besonders effektive Wirkstoffe ermöglichen. Um diese Zielsetzung etwas näher zu erläutern, seien einige Beispiele über derartige Nutzung genannt: So gelang es, Abprodukte sowohl als Katalysatoren wie auch als Additivs und Inhibitoren miteinzusetzen, andere Abprodukte konnten als Düngemittel oder Hilfsstoffe in der Agrotechnik eingesetzt werden, aus geeigneten Bioschlämmen sind bereits nutzbare Vitamine isoliert worden, Holzrinde ist als ein vorzügliches Reduktionsmittel genutzt worden. Diese Beispiele ließen sich fortsetzen. Gemeinsam ist all diesen Bemühungen, daß es hier gelungen ist, aus Abfallstoffen besonders hochwertige Substanzen zu entwickeln, denen als Wirkstoffe eine besonders hohe Wertigkeit zuzumessen ist. Wegen der aufwertenden Tendenz bei der Nutzung von Abprodukten sollte dieser Arbeitsrichtung auch in Zukunft unsere besondere Aufmerksamkeit gelten.

5. Der Einsatz von Abprodukten, soweit sie über entsprechende Heizwerte verfügen, als Brennstoffe stellt häufig eine naheliegende Lösung dar, insbesondere auch dann, wenn eine stoffwirtschaftliche Nutzung nicht in Aussicht steht. Eine derartige energetische Nutzung kann u. U. auch gleichzeitig den Vorteil bieten, daß toxische Bestandteile beim Durchgang durch die Verbrennung eine Vernichtung erfahren.

6. Die Verwertung von Anfallenergie zumeist im Gebiete niedriger Energiepotentiale stellt ein besonders weites Arbeitsgebiet der Energiewirtschaft dar. Sofern keine geeigneten Abnehmer für solche relativ niedrig zu bewertende Anfallenergie vorliegen, müssen neue Wege zur Nutzung erschlossen werden oder aber die betreffende Energieart muß durch entsprechende technische Maßnahmen wie z. B. durch Einsatz von Wärmepumpen auf ein Niveau angehoben werden, wo die Nutzung wieder von Interesse wird.

7. Schließlich ist auch als eine Arbeitsrichtung die geordnete Deponie zu nennen. Diese sollte nach Möglichkeit aber erst nach vorangegangener Sichtung und Abtrennung anders verwertbarer Stoffe erfolgen. Die Anforderungen an die Anlage und den Betrieb einer geordneten Deponie sind in der Zwischenzeit weitestgehend festgelegt worden. Dadurch kann es zu keiner neuerlichen Umweltbelastung kommen. Andererseits kann Anlage und Betrieb einer Deponie so erfolgen, daß die Produktion von Kompost gewährleistet wird.

Mit vorstehender Aufzählung und Klassifizierung sollte eine Systematik (ohne Anspruch auf Vollständigkeit) versucht werden.

Über die wesentlichen technologischen Wege zur Realisierung der Stoffkreisläufe und der Abproduktaufarbeitung

1. Die technologisch einfachste Lösung stellt natürlich die direkte Rückführung eines Produktes in den Prozeß dar, aus dem es selbst stammt, wie es sich bei Schrott oder Glas u. ä. realisieren läßt; dabei bedürfen die rückgeführten Stoffe kaum einer Bearbeitung. Dies gilt auch z. B. in der chemischen Industrie für die Rückführung von Produktstäuben oder Katalysatorstäuben, die aus Wirbelschichtreaktoren ausgetragen, in Zyklonen abgeschieden und sofort zurückgeleitet werden können.

2. Ebenfalls sehr einfach und damit auch ökonomisch gestaltet sich zumeist der Einsatz als Sekundärrohstoff wie z. B. von Aschen in der Baustoffindustrie als Bindemittel oder von Abfällen der Holzverarbeitung als Füllstoffe.

Die Aufwendungen, aber auch die Einsatzmöglichkeiten, steigern sich mehr oder weniger stark, wenn die Abfallprodukte einer zusätzlichen Behandlung bedürfen. Dies gilt für Abprodukt-Aufarbeitungs-Technologien, die sich nachfolgender Methoden bedienen.

3. Physikalische Methoden. Diese finden vor allem ihre bedeutendste Anwendung im Sortieren und mechanischen Trennen, evtl. auch Zerkleinern von Abprodukten. Der Einsatz erfolgt vor allem auch für Abprodukte, die als Konglomerat verschiedenster Stoffe anfallen und mit den genannten Methoden in einzelne Stoffklassen zunächst zerlegt werden müssen.

4. Noch den physikalischen Methoden zuzurechnen sind bestimmte Verfahren, die insbesondere auch zur Feintrennung von Stoffen Anwendung finden wie Elektrolysen, Flutationsprozesse u. a.

5. Chemische Methoden. Mit diesen soll eine ausgesprochene Stoffwandlung im Sinne einer Veredlung erzielt werden. Mitunter soll aber auch die Aufhebung toxischer Eigenschaften bewirkt werden.

6. Biologische Methoden. Derartige Technologien befinden sich in neuerer Zeit im schnellen Vordringen und haben gerade auf dem Gebiet der Abproduktaufarbeitung sicherlich eine aussichtsreiche Zukunft. Die biologischen Methoden stellen eine sehr wertvolle Bereicherung des sonstigen Angebots an Aufarbeitungstechnologien dar.

7. Organische Stoffe, insbesondere Plaste und Elaste, werden in Zukunft bevorzugt Pyrolyseprozessen (Schwelung) zugeführt werden. Diese Methode gewährleistet, aus Polymeren wieder Substanzen zu gewinnen, die in neuerlichen Syntheseprozessen als Roh- oder Zwischenprodukte eingesetzt werden können.

8. Eine härtere thermische Verarbeitung stellt die Vergasung von geeigneten Abprodukten dar, die sowohl Heiz- wie Synthesegase zu liefern vermag und u. U. als Nebenprodukte wiederum andere Werkstoffe noch gleichzeitig bereitstellt.

9. Die schon im vergangenen erwähnte Verbrennung kann u. U. auch dazu benutzt werden, um Schmelzen herzustellen und dabei umweltschädliche Substanzen einzubinden.

10. Die ebenfalls bereits erwähnte Deponie ist sowohl als Endlösung (Dauerdeponie) oder als Technologie zur Gewinnung von Kompoststoffen einzusetzen.

Die vorstehend charakterisierten technologischen Wege stellen Hauptlinien der Abproduktwirtschaft auch unter besonderem Aspekt des Umweltschutzes dar. Bei der Fixierung und Gestaltung von Aufarbeitungstechnologien wird der auf diesem Gebiete arbeitende Verfahrensingenieur aber ganz besonders danach Ausschau halten, ob sich neue technologische Wirkprinzipien jetzt oder für die Zukunft abzeichnen, die es eventuell gestatten würden, die Aufbereitungstechnologien noch effektiver zu gestalten.

Aber prinzipiell wird sich jeder Verfahrenstechniker, der im Umweltschutz oder in der Abproduktwirtschaft tätig ist, des gesamten Schatzes technologischer Möglichkeiten der Stoff- und Energiewirtschaft bedienen. Bekannte Technologien sind häufig den besonderen Bedürfnissen und Zielsetzungen der Abproduktwirtschaft individuell anzupassen.

Das gleiche gilt für die Verwendung und Auswahl technischer Einzelausrüstungen (Maschinen und Apparate). Hier schreitet die Neuentwicklung spezifischer Ausrüstungen international schnell voran.

Einiges zum methodischen Herangehen an die zu lösenden Aufgaben

Das Herangehen kann auf drei Ebenen erfolgen, die miteinandeer gekoppelt sind – die Betrachtung der Probleme und die Formulierung von Maßnahmen aus gesamtgesellschaftspolitischer Sicht, die aufs engste mit den Gesamtexistenzfragen der Menschheit verknüpft sind,

— aus biowissenschaftswissenschaftlicher und ökologischer Sicht, wobei es insbesondere auch darauf ankommt, daß von dieser Seite formuliert wird, welche Grenzen der Belastung nicht mehr überschritten werden dürfen bzw. welche Arten und Mengen von Schadstoffen von Mensch, Tier, Pflanze und sonstiger Umwelt noch ertragen werden können,

— Betrachtungen und Aufzeigen von Lösungen aus stoffwirtschaftlich-energetischer und technischer Sicht. Hierzu bedarf es der Vorgabe bestimmter Prämissen aus den vorgenannten beiden Bereichen. Technologie und Technik vermögen aber auch in großer Auswahl eigenständige Lösungen anzubieten. Verhinderung des Anfalles von Schadstoffen, Verwendung und Entgiftung von Anfallstoffen sind die Hauptaufgaben. Vor allem gehört zu den Lösungsvorschlägen auch eine Aufwand-Nutzenberechnung.

Der Autor vermag sich im wesentlichen zu dem zuletzt genannten Fragenkomplex zu äußern.

Gleichrangig rangieren nebeneinander sowohl die Erfassung des derzeitigen Istzustandes wie auch eine einigermaßen solide Kenntnis über die in den nächsten Jahrzehnten auftretenden neuen Probleme.

Für die gegenwärtig anstehenden Probleme erscheinen folgende Maßnahmen im methodischen Herangehen besonders wichtig:

— Die Erfassung des Istzustandes erfolgt am zweckmäßigsten über Prozeßanalysen wie sie in der Stoffwirtschaft Eingang gefunden haben. Diese Prozeßanalysen sollten nicht nur in alle Bereiche der Industrie, sondern auch in das Gebiet von Landwirtschaft und andere Produktionsbereiche übertragen werden. Mit der eigentlichen Prozeßanalyse sollte — und das ist das neue — gleichzeitig vor allem die Erfassung der Abprodukte präzis nach Menge und nach Stoffeigenschaften verbunden werden. Die Stoffeigenschaften müßten hinsichtlich Toxizität, aber auch hinsichtlich der Nutzbarkeit geklärt werden.

— Im energiewirtschaftlichen Bereich sind die Prozeßanalysen insbesondere durch sorgfältige Energie- und Exergiebilanzen in allen Bereichen zu ergänzen, um auch die Anfallenergie nicht zu einer Umweltbelastung werden zu lassen, sondern sie einer Nutzung zuzuführen.

— Abgesehen vom Bemühen um die Vermeidung des Anfalles überhaupt stehen für zwangsweise anfallende Abprodukte solche Probleme im Vordergrund wie die Erschließung eines stets abnahmebereiten Marktes und, soweit es sich um die Substitution gegenüber anderen Stoffen handelt, die Frage nach der Relation zwischen dem Einsatz eines Abfallproduktes und des bisher verwendeten Frischproduktes.

— Beim methodischen Vorgehen ist weiter die Frage von Bedeutung, ob es für die Aufbereitung und den Einsatz der betreffenden Abprodukte die erforderlichen Technologien und vor allem auch die technischen Ausrüstungen gibt oder ob solche erst entwickelt werden müssen.

— Schließlich empfiehlt es sich, bei allen solchen methodischen Vorgehen frühzeitig die Frage der Gesamtökonomie aufzuwerfen und eine Einschätzung zumindest zu versuchen.

Was nun das methodische Vorgehen für die zukünftigen Aufgaben betrifft, so kann man hier einige Grundanliegen formulieren:

— Zunächst ist es von größter Bedeutung, in etwa aussagekräftige Unterlagen über die künftige Entwicklung der Stoff- und Energiewirtschaft zur Verfügung zu haben. Es kann durchaus möglich sein, daß solche Aussagen ihrerseits davon abhängig sind, was von Seiten der Biologen und Ökologen über zumutbare Belastungen festgelegt wird. Die Präzisierung von Aussagen über die Wachstumsraten der Stoffwirtschaft und der Energiewirtschaft und nicht zuletzt auch Aussagen über die Art und Qualität der ausgeweiteten, aber auch der auslaufenden Stoff- und Energiewirtschaft sind für Entscheidungen der Abproduktwirtschaft und des Umweltschutzes von allergrößter Bedeutung.
— Sofern die Aussagen zu obigem einigermaßen verläßlich sind, können auch alle Anstrengungen ergriffen werden, um im Sinne der abproduktarmen und abproduktfreien Technologie bzw. der Abproduktwirtschaft unter voller Berücksichtigung der Umweltschutztechnik klare Aufgaben und Ziele zu stellen. Zweifelsohne wird dabei das Bemühen um Nutzung oder Vermeidung von Abprodukten ganz im Vordergrund stehen.
— Von besonderer Wichtigkeit erscheint, daß mit schnellster Wirksamkeit alle Forschungs- und Entwicklungsarbeiten auf die in diesem Beitrag aufgezeigten Ziele ausgerichtet werden. Es sollte dazu kommen, daß eine neue Technologie aus dem Forschungsbereich nicht abgenommen wird, wenn nicht die Fragen des Umweltschutzes und der Abproduktprobleme im Rahmen des Forschungsthemas einer befriedigenden Lösung zugeführt worden sind. Wohl immer sind wir in dieser Frage noch zu tolerant und zu wenig konsequent.

Über einige Lösungen und Lösungsmöglichkeiten für die anstehenden Probleme

Um nicht nur Probleme und Aufgaben zu den Abproduktfragen in diesem Beitrag zu erörtern, sollen nachfolgend eine Anzahl von Lösungen vorgestellt werden, die sich bereits in der Praxis bewährt haben oder sich der künftigen Realisierung anbieten. Die Beispiele sind bewußt unterschiedlichsten Wirtschaftsbereichen entnommen, um das weite Spektrum der Ansätze zu vergegenständlichen.

1. Als ein gutes Beispiel werksinterner Abprodukttechnologie kann der Verbund zwischen Entstaubungstechnik und Abwasserreinigung gelten, wie er sich in Kohleveredlungsanlagen realisieren läßt. Grob gereinigte Abwässer können zur Naßentstaubung benutzt werden. Da solche Stäube häufig adsorbtive Eigenschaften besitzen, vermögen sie restliche Schadstoffe, die noch im Wasser vorhanden sind, wie z. B. Phenole zu binden.

2. Fackelsysteme, die in der Grundstoffindustrie häufig über längere Zeiträume in Betrieb sind, können durch Zuschalten von Gasbehälter und Rückverdichtungs-

anlagen soweit verbessert werden, daß die aus den Fackelanlagen zumeist resultierende erhebliche Umweltverschmutzung und Belästigung behoben wird und zudem ein volkswirtschaftlicher Nutzen erzielt wird.

3. Abprodukte der Aluminiumherstellung dienten über längere Zeit als Reinigungsmasse für Entschwefelungsanlagen der Gasindustrie.

4. Die konsequente Durchdringung komplexer Produktionstechnologien hat sich in neuerer Zeit als eine zweckmäßige Methodik herausgeschält, um die Bemühungen zum Umweltschutz und zur Abproduktwirtschaft zu fördern. Beispiele hierfür sind unter anderem

abproduktfreie Tagebautechnologie, bei der nicht nur das gewünschte Mineral oder z. B. die Kohle genutzt wird, sondern gleichzeitig auch die im Abraum enthaltenen volkswirtschaftlich nutzbaren Bodenmassen, ferner Sande, Kiese, Schotter, Tone und Kaoline, aber auch das gesamte Wasser;

die abproduktfreie Raffinerie;

die abproduktfreie Brikettfabrik, in der sämtliche Stäube, Schlämme, Abwässer, aber auch die Trocknerbrüden genutzt werden;

die abproduktfreie Kalianlage einschließlich der Ablaugenverwertung;

die abproduktfreie Zementfabrik;

aber auch die abproduktfreie Großtierhaltung in der Landwirtschaft und die abproduktfreie Forstwirtschaft.

5. Der nächste Schritt führt über die Werksgrenze hinaus in das Bereich Werk—Umland oder in den noch größeren Begriff des Territorial-Verbundkomplexes, in dem alle Industriezweige, Wohngebiete, Landwirtschaft und Erholungsgebiete in einer einheitlichen Betrachtungsweise analysiert werden. Auf die Fülle der hier ruhenden Möglichkeiten kann nicht im Einzelnen eingegangen werden. Als Beispiel diene nur der Hinweis auf die wasserwirtschaftlichen Belange. So können nicht nur saure und alkalische Abwässer neutralisiert werden, sondern es bietet sich in hervorragendem Maße eine Möglichkeit zu einer sehr wirkungsvollen integrierten Abwasserwirtschaft sowohl für Industrieabwässer wie für Komunalabwässer, u. U. auch unter Einbeziehung solcher aus der Landwirtschaft an. Solche Anlagen sind nicht nur besonders wirtschaftlich, sondern sind auch in der Lage, verwertbare Sekundärrohstoffe und Bioschlämme zur weiteren Nutzung abzugeben.

6. Bei allen technologischen Lösungen für Fragen des Umweltschutzes und der Abproduktwirtschaft ist strengstens darauf zu achten, daß nicht etwa nur eine primäre Aufgabe gelöst wird, dabei aber gleichzeitig sekundär neue Umweltschutz- oder Abproduktprobleme aufgeworfen werden. Das heißt die Verbrennung eines schädlichen Abproduktes darf keinesfalls zu einer neuerlichen Luftbelastung führen bzw. darf die Naßreinigung einer Abluft oder eines Abgases zu keinem neuen Abwasserproblem Anlaß geben. Derartige Anlagen müssen stets konsequent hinsichtlich möglicher Auswirkungen durchdacht werden. Sie nehmen damit ihrerseits einen komplexen Charakter an.

7. Einige Beispiele aus dem energiewirtschaftlichen Sektor sollen zeigen, welch unterschiedliche Wege sich zur Lösung der anstehenden Probleme aufzeigen:

- Die hohe Gefährdung der Umwelt durch bleihaltige Abgase wurde und wird durch Einschränkung und letztlich Verzicht auf den Bleizusatz der Treibstoffe erwirkt. Es wurden andere Treibstoffzusammensetzungen und Treibstoffherstellungstechnologien konzipiert, um diesen Weg zu ermöglichen.
- Eine andere Methode dem Abgasproblem der Verbrennungsmotoren beizukommen (es handelt sich ja nicht ausschließlich um die Bleifreiheit) besteht darin, die herkömmlichen Benzine durch andere Treibstoffe zu substituieren. Teilweise oder vollständige Ablösung des Benzins durch Alkohol, vor allem Methanol, wird, wie vielfache internationale Versuche beweisen, einen geeigneten Lösungsweg darstellen.
- Der Verbrennungsmotor kann durch konstruktive Neugestaltungen den veränderten Kraftstoffbedingungen weitgehend angepaßt werden. Auch hierfür liegen viele technisch reife Lösungen vor.
- Vielfach diskutiert wurde in neuerer Zeit die Einführung der sog. Wasserstofftechnologie. Wasserstoff könnte als Heizgas, motorischer Treibstoff und als chemische Rohstoffkomponente Verwendung finden. Bei der Verbrennung erfolgt praktisch nur ein Umsatz zu Wasserdampf (sonstige Schadstoffe wie Stickstoffverbindungen höchstens in Spuren). Damit erscheint die Wasserstofftechnologie zunächst als eine brillante Lösung. Dem steht ein schlechter gesamtenergiewirtschaftlicher Wirkungsgrad entgegen. Die Vorzüge einer abproduktfreien Technologie kommen nur auf der Anwenderseite zur Geltung, während bei der Wasserstofferzeugung mit großen Umweltbelastungen zu rechnen ist. So gesehen wird die Wasserstofftechnologie in absehbarer Zeit keine vorteilhafte gesamtwirtschaftliche Lösung darstellen.
- Zu der vieldiskutierten Problematik der Kernenergiewirtschaft kann hier in Kürze nichts ausgesagt werden, es soll aber ein besonderer Hinweis Aufnahme finden, der die weiter oben geäußerte Ansicht stützt, daß Abfallprodukte besondere Wertstoffe sein können. So fallen bei der derzeitigen Kernenergietechnik Spaltprodukte an, die z. T. wertvolle Substanzen enthalten, deren Isolierung sich sicherlich lohnt, und die, da sie zu den seltenen auf der Erde vorkommenden Stoffen zu rechnen sind, auch einen besonderen volkswirtschaftlichen Wert darstellen. Genannt seien hier Palladium, Rhodium, Technetium.

8. Einige Lösungen zu den Fragen der Umweltschutztechnik und der Abproduktwirtschaft im Siedlungsbereich

Im energiewirtschaftlichen Sektor sind wir zweifelsohne auf dem richtigen Weg, da die Fernheizung sich im schnellen Vordringen befindet, wodurch Staub-, Ruß- und Abgasprobleme und vor allem Ascheprobleme immer mehr zurückgedrängt werden. Für die Abwasserfragen wurden an anderer Stelle schon Hinweise gegeben.

Mit ständig wachsender Konsumtion fallen indes in immer größerem Umfange auch laufend Abprodukte aus Alltag wie auch aus der Aussonderung mittel- und langfristiger Gebrauchsgegenstände an. Zur Verwertung dieser Abfälle bediente man sich bisher der individuellen Sortierung, Erfassung und des Abtransportes. Dieses System ist nicht nur sehr arbeitsaufwendig, es gestattet auch keine detaillierte Stofftrennung und befriedigt erst recht nicht in ästhetischer Hinsicht. Auch im Hinblick auf den Charakter moderner Siedlungen hat dieses System wenig Zukunftsaussicht. Schon lange wurde daher nach befriedigenden Lösungen Ausschau gehalten. In neuester Zeit sind einige Beispiele moderner Lösungen bekannt geworden, wobei insbesondere die Städte Saporoshez und Rom genannt seien. Weitere derartige komplexe, auch den Belangen des Umweltschutzes dienenden Stoffverwertungsanlagen aus dem Siedlungsmüll befinden sich in vielen Ländern in Vorbereitung.

Die grundsätzlichen Lösungswege sollen daher aufgezeigt werden.

Stoffwirtschaftlich betrachtet können folgende Produkte gewonnen werden:
organische Bestandteile aus den Nahrungsmittelrückständen
Aschen und sonstige anorganische Bestandteile
Eisen- und Stahlbestandteile
Nichteisenmetalle, diese evtl. nochmals getrennt wie z. B. Aluminium
Keramik
Gläser
Kunststoffe, diese sogar getrennt nach einzelnen Klassen aufgrund ihres spezifischen Gewichtes, also leichtere und schwerere
Leder und Textilien
Karton, Pappe und Papier.

Dieses so weit gehende Sortieren und Klassifizieren wird heute ermöglicht durch eine rasche Fortentwicklung z. T. sehr spezifisch wirkender Aufbereitungsmechanismen, von denen die wichtigsten genannt seien:
Einrichtungen zum Zerkleinern wie Spezialmühlen, Schneider und allgemeine Zerkleinerungseinrichtungen
Magnetscheider spezieller Bauart
Flotationseinrichtungen
Schwimm-Sink-Scheider spezieller Bauarten
Siebeinrichtungen in verschiedensten Bauarten
Zyklone, darunter auch Hydrozyklone
Windsichter
Zick-Zack-Sichter
Ballistische Sichter
Aufstromsortierer
Dichte-Sortierer
Auflockerungseinrichtungen

Um eine Vorstellung zu vermitteln, inwieweit die Aufbereitungstechnologie auf manchen Gebieten vorangeschritten ist, sei hier erwähnt, daß es Klassieranlagen für Gläser und Glasbruch gibt, die mit optischen Sensoren arbeiten und in der Lage sind, sowohl Gläser mit verschiedenen Farbtönungen auseinander zu halten, wie auch farbloses Glas.

Diese Aufzählung ist nicht vollständig, zumal laufend neue Vorrichtungen, Apparate und Wirkprinzipien Eingang finden. Grundsätzlich muß man sich entscheiden, ob man die gesamte Aufbereitung trocken oder naß durchzuführen gedenkt bzw. eine Kombination einzugehen bereit ist. Im allgemeinen ist die trockene Aufbereitung vorzuziehen, da sie keine neuen Abwasserprobleme aufwirft und meist auch energetisch vorteilhafter ist.

Die Anlagen sind meist so gestaltet, daß man innerhalb der Aufbereitung Kreisläufe durchführen kann und damit die Sortierqualität einesteils verbessern und sie zum anderen vor allem auch der wechselnden Struktur der aufzubereitenden Rohstoffe anpassen kann. Hierzu ist eine ständige Analyse der eingehenden und aufzubereitenden Stoffe erforderlich. Die Anlagen werden also bewußt für eine flexible Fahr- und Betriebsweise eingerichtet. Die laufende Analyse der anfallenden Einzelprodukte entscheidet auch darüber, ob bestimmte interne Kreisläufe verstärkt werden müssen. Man ist bestrebt, diese Überwachungsaufgaben in der Zukunft nach Möglichkeit Mikroprozessoren zu übertragen.

Die sortierten Produkte werden beispielsweise folgenden Verwendungszwecken zugeführt: die Nahrungsmittelrückstände soweit möglich der Tierernährung oder der Kompostierung, die Stoffe mit Werkstoffeigenschaften als Sekundärrohstoffe in die hierfür geeigneten Industriezweige zum direkten Einsatz oder zur weiteren detaillierten Aufarbeitung. Vorläufig noch für eine Weiterverwendung völlig ungeeignete Stoffe lassen sich einer Dauerdeponie zuführen. Bestimmte Stoffe können auch der Verbrennung zugeführt werden, wobei eine solche Verbrennungsanlage gleichzeitig die Rolle eines regulierenden Gliedes übernehmen kann, das geeignet ist, Ungleichmäßigkeiten im Anfall und der Bearbeitungsmöglichkeit der Abprodukte auszugleichen.

In die gesamte Müllaufbereitung kann je nach Notwendigkeit auch eine entsprechende Entgiftungsstufe eingeschaltet werden. Derart perfektionierte Sortier- und Klassifiziereinrichtungen können nun in einem Verbund mit bereits bestehenden Einrichtungen zur Verwertung von Abprodukten als Tierfutter sowie im Verbund mit bestehenden Müllverbrennungsanlagen oder im Verbund mit bestehenden Deponien arbeiten. Sie werden in Zukunft als eine 1. Stufe der Stoffaufbereitung im kommunalen Bereich nicht mehr wegzudenken sein.

Trotz dieser Vorzüge muß auch bemerkt werden, daß dem Einsatz der hier gewonnenen Stoffe noch Schwierigkeiten entgegenstehen. Gerade im Siedlungsmüll spiegelt sich das gehobene Niveau unserer Lebensgewohnheiten zunehmend wider und drückt sich, neben der Fülle von Rückständen der Nahrungsmittel einschließlich ihrer Verpackung, vor allem in dem wachsenden Anteil von ausgedienten Gebrauchsgütern aus. In diesen befinden sich, bedingt durch die moderne Werkstoffkombination bei der Herstellung, unterschiedlichste Stoffkombinationen. Genannt sei die kombinierte Verarbeitung von Metallen mit Plasten (beschichtet oder überzogen) bzw. umgekehrt metallisierte Plaste, der Verbund mit Glas, Holz, Textilien, ja sogar Edelmetallen. Hinzu kommen Emaillen, Lacke und Farben, Leime und Kleber aller Art und Kitte. Bei den Kunststoffen darf der Anteil vielseitiger

Additivs nicht übersehen werden. Die Textilien sind von unterschiedlichster Zusammensetzung, darunter Mischgewebe aus Naturstoffen und verschiedenste synthetische Fasern.

Nach dem Sortieren und Klassifizieren bleiben die Stoffe ein Stoffkonglomerat. Es muß entschieden werden, ob das sortierte Gut einen direkten Einsatz finden kann oder ob es einer weiteren Fein- und Feinstaufbereitung unterzogen werden soll.

Hier herrscht — um weitere teuere Sekundäraufbereitungen zu umgehen — die Tendenz vor, Einsatzgebiete zu finden, bei denen an den Rohstoff nicht die höchsten Anforderungen an Reinheit gestellt werden (Beispiele sind Baustoffe, Fußbodenbeläge, Matten, Straßenbauhilfsstoffe u. ä.).

9. Für die moderne industriemäßig produzierende Landwirtschaft scheinen dem Autor noch keine optimalen Lösungen vorzuliegen. Die Aufgaben sind durch die Chemisierung der Landwirtschaft, angestrebte Großwasserwirtschaft und die durch die Großtierhaltung ausgelösten Probleme besonders charakterisiert. Hinzu kommen Probleme aus der Mechanisierung, aber auch der biologischen Einwirkung des Menschen, ferner durch die Sublimentierung der Nahrungsmittel.

Offensichtlich sollten die verfahrenstechnischen Möglichkeiten, die in der industriellen Abproduktstoffwirtschaft schon gefunden worden sind, sinngemäß auch für die Landwirtschaft mobilisiert werden. Es müßte eine Zukunftsaufgabe sein, landwirtschaftliche Abprodukte zu höherwertigen Produkten aufzuarbeiten.

Zur Bedeutung von Planung und Ökonomie

Für die Lösung der angeschnittenen Probleme kommt einer klugen zielstrebigen Planung besondere Bedeutung zu. Dies gilt sowohl für die Erfassung des Istzustandes wie für eine bereits diskutierte Prognostik. Hieraus leitet sich eine spezifische zukunftsorientierte Forschungs- und Entwicklungsarbeit ab, von deren Effizienz letztlich Fragen unserer künftigen Existenz abhängig sind.

Auch weiterhin, wie bereits begonnen, müssen alle Bemühungen durch eine angemessene Gesetzgebung gekoppelt mit einem System von Verordnungen, Vorschriften, Normen, verbindlichen Schwellwerten, Pönalen und Auflagen gestützt werden. Mit dem Landeskulturgesetz und seinen zugehörigen Vorschriften wurde bereits ein guter Anfang gemacht. Derartige gesetzgeberische Maßnahmen werden international immer weiter ausgebaut (Chemikalien und Schadstoffgesetzgebung). Bei Verstößen spricht man schon von Umwelt-Kriminalistik, die im Sinne eines Strafgesetzbuches zu ahnden ist.

Bei allen vorsorglichen Überlegungen gilt es, weitsichtig erkennbare Strukturwandlungen in den volkswirtschaftlichen Bereichen sorgfältig und richtig einzuschätzen. Derartige Strukturwandlungen werden sich speziell im energiewirtschaftlichen Sektor, aber auch in der Grundstoffindustrie, der Konsumgüterindustrie sowie im landwirtschaftlichen Bereich vollziehen.

Ökonomische Bewertungen und Bewertungskriterien stellen im Bereich von

Umweltschutz und Abproduktwirtschaft ein schwierig zu beherrschendes Arbeitsgebiet dar. Die Lösung umweltschutztechnischer Maßnahmen bewegt sich in einer Art Spannungsfeld mit dem Wirtschaftspotential und der Wirtschaftspolitik. Man könnte es auch so ausdrücken, daß die Notwendigkeit biologisch und ökologisch begründeter Maßnahmen vorläufig nicht immer mit den ökonomischen Möglichkeiten in Übereinstimmung gebracht werden kann. Es darf an dieser Stelle auch darauf hingewiesen werden, daß zumindest für weite Gebiete des Umweltschutzes und der Abproduktwirtschaft technologische und technische Lösungen praxisreif zur Verfügung stehen, die jedoch noch nicht in Realisierung und Investition Eingang finden konnten. Zugegebenermaßen befinden sich hin und wieder darunter auch solche technologische Lösungen, die den Erwartungen der Ökonomen hinsichtlich des Investitionsaufwandes und des Betriebsaufwandes, z. B. energetischer Aufwand und Wartungsaufwand, nicht voll entsprechen. Somit muß es Anliegen der Naturwissenschaftler, Technologen und Techniker sein, solche Lösungen ökonomisch attraktiver zu gestalten. Es muß an dieser Stelle aber auch darauf hingewiesen werden, daß die ohne großen Aufwand zu realisierenden Maßnahmen in der Vergangenheit als erste weitgehend ausgeschöpft worden sind und nunmehr die weitaus schwierigeren Aufgaben anstehen. Es sei weiter darauf aufmerksam gemacht, daß mit dem Erreichen von Bestwerttechnologien sich diese auch den durch die Naturgesetze (z. B. Thermodynamik) gezogenen Grenzen nähern. Weitere Fortschritte sind dann nur durch Übergang zu neuen Wirkprinzipien und Technologien erzielbar, die jedoch mit weitaus höheren Aufwendungen zur Ersteinführung verbunden sind.

Dem Verfahrensingenieur wohlbekannt sind die Wechselwirkungen zwischen technologischem Verbesserungseffekt einerseits und technischem Aufwand andererseits. Das ökonomisch technische Optimum kann nur durch Variantenberechnungen geklärt werden, wobei in der Praxis jedoch die Festsetzung der Bewertungskriterien auch im Laufe der Zeit unterschiedlichste Bewertungen erfahren. So wurde in den Zeiträumen reichlicher und preiswerter Energieangebote ein etwas höherer Energieaufwand zugunsten einer wesentlich vereinfachten technischen Apparatur häufig in Kauf genommen.

Die schrittweise Lösung von Problemen kann aus wirtschaftspolitischen Gründen mitunter geboten sein, obwohl sich letztlich komplexere Gesamtlösungen ökonomisch günstiger gestalten würden.

Kürzlich wurde aus dem Ausland ein Beispiel bekannt, bei dem trotz einer verfügbaren Technologie zur Aufarbeitung von Altreifen zwecks Gewinnung von chemischen Grundsubstanzen wegen des größeren Aufwandes die Verbrennung der Reifen vorgezogen wurde.

Damit stellt sich die Frage, ob für umweltschützende Maßnahmen und vor allem auch für die Bereitstellung von Sekundärrohstoffen kostenstützende Maßnahmen ergriffen werden sollten, um stimulierend im Sinne gesamtvolkswirtschaftlichen Nutzens einzugreifen. Bereits früher wurden den Produzenten von Schwefel, die solchen durch zusätzliche Reinigung von Abgasen und Abluft erzeugten, höhere Erlöse gegenüber dem bergbaulich gewonnenen Schwefel zugebilligt.

Mit den herkömmlichen ökonomischen Berechnungsverfahren wird sich eine Nutzensrechnung unter Einschluß aller Umweltschutzmaßnahmen und Sekundärrohstoffwirtschaft nur selten erfolgreich durchführen lassen, so daß für die Zukunft an die Festsetzung neuer Bewertungsmaßstäbe rechtzeitig gedacht werden muß. Gleichwohl wurde auch durch sehr sorgfältig detaillierte, auf ein Industriegebiet insgesamt bezogene ökonomische Berechnungen nachgewiesen, daß ein durchaus angemessenes Verhältnis von Aufwand zu Nutzen erreicht werden kann. Dies erfolgte in einer Doktorarbeit der Autoren Peklo-Enders für den Bitterfelder Raum, angefertigt an der Bergakademie Freiberg.

Manch gutgemeintem technologischen Verbesserungsvorschlag zur Lösung anstehender Probleme tut aber eine solide betriebswirtschaftliche ökonomische Bewertung gut.

Sowohl für die betriebswirtschaftliche Handhabung wie aber auch vor allem für die ökonomischen Bewertungen ergeben sich zumeist bei Abproduktproblemen limitierende Fakten, von denen einige aufgezeigt seien

- für manche Abprodukte gibt es vorläufig überhaupt noch keine Einsatzmöglichkeiten, als Beispiel dienen die Schwefelverbindungen, die bei einigen Rauchgasentschwefelungsverfahren in großen Mengen anfallen würden und dann lediglich einer Deponie zugeführt werden könnten,
- die sinnvoll verwertbaren Inhaltsstoffe in den Abprodukten liegen in geringen Konzentrationen vor,
- die Abprodukte sind mit unangenehmen Beimengungen verunreinigt,
- die chemischen und physikalischen Eigenschaften der Abfallstoffe sind häufig undefiniert,
- schwankender Anfall und schwankende Qualität, dadurch betriebswirtschaftliche Schwierigkeiten beim Einsatz,
- häufig starke Geruchsbelästigung,
- häufig hoher Transport- und Lagerungsaufwand.

All diese Probleme sind mit entsprechendem Aufwand irgendwie lösbar, und es sollte auch permanent versucht werden, praktikable und befriedigende Lösungen aufzuzeigen, wobei aber auf die Relevanz der Ökonomie nochmals hingewiesen sein soll.

Für betriebswirtschaftliche und ökonomische Beurteilungen ist die Struktur unserer Produktionsstätten nicht unwesentlich. Ein beträchtlicher Teil der Anlagen arbeitet noch nach konventionellen Technologien, bei deren Entwicklung Umweltschutz und Abproduktwirtschaft nicht den Wertigkeitsgrad gehabt haben, wie wir ihn heute zugrunde legen müssen. Diese älteren Anlagen werden stetig durch Intensivierung und Restaurierung für weitere Produktionsepochen hergerichtet. Die Realisierung kann aufgrund derzeitiger Gegebenheiten dabei nur bedingt erfolgen. Unter anderem liegt dies auch an der beengten Bauweise älterer Anlagen und der Ungewißheit über die Restlaufzeit und letztlich, wie schon angedeutet, auch durch die Eigenart älterer Technologien. Gerade der Ökonom steht hier vor schwierigen Entscheidungsaufgaben. Bedauerlicherweise muß aber hinzugefügt werden, daß relativ moderne Anlagen und Verfahren, wie sie in den vergangenen Jahren errichtet worden sind, unseren heutigen und vor allen Dingen den künftigen Ansprüchen an abproduktfreie Technologie und Umweltschutz nicht immer voll gerecht werden. Da diese Anlagen noch eine lange Betriebszeit vor sich haben ist es unerläßlich, die Unzulänglichkeiten, die bei der Errichtung der Anlagen aufgetreten sind, nunmehr zu beseitigen.

Ökonomisch neu durchdacht werden muß auch die Frage nach der zweckmäßigsten Gestaltung von Investitions- und Konsumtionsgütern. Ein höherer Aufwand bei Konstruktion und Herstellung könnte zu größerer Zuverlässigkeit und zu einer erheblichen Verlängerung der Nutzungszeit führen und somit eine vorteilhaftere Gesamtlösung darstellen.

Mit der Aktualisierung der Umweltschutztechnik, der Entwicklung abproduktfreier Technologien bzw. wesentlich ausgedehnter Abproduktwirtschaft wird zweifelsohne auch ein neues Kapitel von Ökonomie und Betriebswirtschaftslehre aufgeschlagen.

Schlußbemerkungen

Ausgehend von klar profilierten Problemen und Aufgaben für den Umweltschutz als Grundlage einer positiven Zukunftsbewältigung wurden die vielgestaltigen Wechselbeziehungen zwischen Umweltschutztechnik einerseits und Stoff-Energiewirtschaft andererseits aufgezeigt.

Die Entwicklung abproduktfreier oder abproduktarmer Technologiesysteme und neue Wege der Abproduktnutzung werden als Lösungen für sonst nicht mehr beherrschbare Umweltbelastungen angesprochen.

Unmittelbar damit im Zusammenhang stehen Vorzüge für eine Verbesserung der Rohstoffversorgung und Materialökonomie, deren Relevanz nach einer in die Literatur eingegangenen Angabe darin zu sehen ist, daß z. Z. global gesehen nur 3% der der Natur entnommenen Stoffe in den gewünschten und gewollten Endprodukten nachzuweisen sind, während 97% als Neben- und Abfallprodukte zu bezeichnen sind.

Bereits erzielte Teilerfolge in Umweltschutz und Abproduktnutzung sollen in keiner Weise herabgesetzt werden, jedoch liegt der größte und schwierigste Teil des zurückzulegenden Weges noch vor der Menschheit. Neue synthetisierte Stoffe und die stetige Ausweitung der Stoff- und Energiewirtschaft sowie die damit exponentiell anwachsende Konsumtion vergrößern die Anzahl der entstehenden Probleme laufend.

Die Relevanz der Probleme wird auch dadurch immer größer, daß ständig ein wissenschaftlicher Erkenntniszuwachs über die Wirkung an sich bekannter Stoffe erfolgt. (Als Beispiele hierfür möge dienen die DDT-Anreicherung, die Gefährlichkeit des Asbestes, des Vinylchlorides, der Fluorwasserstoffe und zuletzt der Nitrosamine).

Somit stellen die aufgezeigten Aufgaben und Arbeitsrichtungen keine zweitrangigen Machiniallinien am Rande des volkswirtschatflichen Geschehens dar, sonderen stellen eine unerbittliche Herausforderung an alle Disziplinen in Forschung, Entwicklung und Praxis dar.

Der Technologie- und Verfahrensingenieur bedarf für seine eigenen Arbeiten der Prämissen durch den Mediziner, Biologen, Ökologen wie auch Gesellschaftswissenschaftler. Aussagen über Lang- und Kurzzeitwirkungen toxischer Substanzen auch im Zusammenwirken mit anderen im Territorium auftretenden Stoffen stehen im Vordergrund. Auf die Bedeutung ökonomischer Bewertungskriterien als limitierende Größe wurde besonders eingegangen.

Die vorgetragenen Anliegen sollten anteilig und sinngemäß in allen einschlägigen und angrenzenden Forschungs- und Entwicklungsplänen ihren Niederschlag finden. Darüber hinaus sollten auch noch spezifische zukunftsorientierte zusätzliche Forschungs- und Entwicklungspläne zu der vorgetragenen Thematik aufgestellt werden.

Vielgestaltig sind die Ansätze und Anstrengungen zur Lösung der Aufgaben in den Arbeitsprogrammen unterschiedlichster Gremien, so denen des RGW, der UNO mit ihren Organisationen, darunter besonders auch der ECE, wie auch die breitgefächerten Arbeiten unserer Akademien und Hochschulen, den Gremien der KDT und der Ingenieurorganisationen sozialistischer Länder, ferner in den Produktionsbereichen und Verwaltungen.

Hier in der Klasse Umweltschutz und Umweltgestaltung waren dank der interdisziplinären Zusammensetzung und der langjährigen Arbeit manche Passagen des heutigen Beitrages, soweit sie den Umweltschutz betreffen, sicherlich bekannt.

Das besondere Anliegen des heutigen Beitrages war es, speziell aus verfahrenstechnischer Sicht aufzuzeigen, wie neue technologische Anstrengungen einen Beitrag zur Lösung von Umweltschutz- und Abproduktproblemen in Gegenwart und Zukunft darstellen können.

Das Ziel soll eine gesamtvolkswirtschaftlich optimal ausgerichtete integrierte Stoff- und Energiewirtschaft mit höchster Materialökonomie unter bestmöglichster Wahrung umweltschützender Maßnahmen sein.

Auswahlliteratur

Kamschilow, M.: Das Leben auf der Erde. Evolution der Biosphäre. Verlag MIR Moskau, Urania-Verlag Leipzig-Jena-Berlin 1977.

Frolov, J. T.: Wissenschaftlicher Fortschritt und Zukunft der Menschen, in: Zur Kritik der bürgerlichen Ideologie, Heft 89, Akademie-Verlag 1978.

Schwabe, K.: Umweltschutz und Rohstoffprobleme, in: Wissenschaft und Fortschritt 24 (1974).

Mottek, H.: Umweltschutz, ökonomisch betrachtet, in: Wissenschaft und Fortschritt 24 (1974).

Schenkel, W.: Gewinnung von Rohstoffen aus Müll. Chemie-Ingenieur-Technik 49 (1977) Heft 12, S. 966.

Fabian, H. W. u. a.: Verbrennungsanlage mit Rauchgaswäsche für die Beseitigung von Chemie-Abfällen. Chemie-Ingenieur-Technik 50 (1978) Heft 11, S. 823.

Collin, G. u. a.: Pyrolytische Rohstoff-Rückgewinnung aus Sonderabfällen. Chemie-Ingenieur-Technik 50 (1978) Heft 11, S. 836.

Albrecht Krummsdorf

Aufgaben und Probleme der Wiedernutzbarmachung devastierter Böden im Braunkohlenbergbau

Der Braunkohlenbergbau der DDR hat die Versorgung von Wirtschaft und Bevölkerung mit festen Brennstoffen zu gewährleisten, deckt als Primärenergieträger bis zu 85% des Energiebedarfs und ist außerdem gesetzlich verpflichtet, seine Bodenflächen nach der Inanspruchnahme wieder urbar zu machen und einer Folgenutzung zuzuführen.

Landschaft und Tagebau

In der Berglandschaft vollzieht sich die konzentrierteste Einflußnahme des Menschen auf die Umwelt. Die zumeist dichtbesiedelten und verkehrsstarken Räume stellen daher besonders dringliche Gestaltungsaufgaben. Sicherlich kamen deshalb bereits vor über 50 Jahren vom Bergbau her begründete Ansätze einer gebietsumfassenden Planung, wenn auch in der Praxis zumeist in negativem Sinne von „Landschaftsverunstaltung" und hinterlassenen „Mondlandschaften" die Rede war. Heute ist der Bergbau zum Partner einer geplanten landeskulturellen Entwicklung im Vollzug seiner gesellschaftlichen Mitverantwortung als sozialistischer Wirtschaftszweig geworden. Die Tabelle 1 verdeutlicht die komplizierten Aufgaben und Zusammenhänge aus territorialer und landeskultureller Sicht. Die DDR hält mit etwa 30% Anteil an der Weltförderung die Spitzenposition in der Braunkohlengewinnung. Zur Sicherung unserer Kohle-Energiebilanz muß aber mehr als jede 3. Mark des Investvolumens aufgewandt werden. Mit der bereits 1966 eingeführten Flächennutzungsbilanz erfolgt im Rahmen der Industrieberichterstattung alljährlich eine Abrechnung und Kontrolle des für Bergbauzwecke beanspruchten Bodenfonds (über 2500 ha/a). Durch bergrechtliche Regelungen und Bodennutzungsgebühr ist eine ordnungsgemäße Flächenrückgabe im Rahmen langfristiger territorialer Pläne zur Gestaltung von Bergbaufolgelandschaften gesichert. 1966 waren erst 28,3% der gesamten Devastierungsfläche in die Rekultivierung überführt, 1976 aber bereits 50%, und das trotz zunehmend ungünstigerer Abraum-Kohle-Verhältnisse (1960 2,8 : 1, 1980 5,4 : 1). Die Abraumbewegung hatte bereits 1975 die „Traumgrenze" von 1 Md. m^3 erreicht und muß bis 1990 auf 140% gesteigert werden, um Förderleistungen bis zu 300 Mio. t Rohbraunkohle/a zu sichern.

Tabelle 1
Landschaftswandel in Tagebaugebieten

	Zerstörung	Negativwirkungen	Auf-/Ausbau	Positivwirkungen
Flächennutzung				
Land-/Forstwirtschaft, Gartenbau	Bodennutzung, Vegetation	Devastierung, (abgraben, verkippen), Degradation von Nachbarbereichen, vegetationsfeindliche Böden möglich	Wiederurbarmachung, Rekultivierung	Intensivierung auf Restflächen, umfass. Wiedernutzbarmachung, neue Vegetationsbilder, Bergbaufolgelandschaft
Siedlungswesen	Ortslagen, Baugrund, Versorgungsleitungen, Baudenkmäler	Ortsverlegung, siedlungsfreie/-arme Gebiete	neue Orte/Ortsteile, leistungsfähige Ver-/Entsorgung	verbesserte Wohnqualität/-dichte und Infrastruktur
Industrie	alte Anlagen	Ausfall tradtioneller ortsgebundener Produktion	moderne Anlagen	strukturelle, hygienische, akustische Vorteile
Verkehr	Straßen, Bahnen	vermindertes Transportnetz, längere Strecken, Mehrkosten	leistungsfähige Trassen	optimales Verkehrsnetz für Randgebiete
Wasserwirtschaft	Gewässer	gestörter Wasserhaushalt, Verunreinigungen	neue Ver-/Entsorgungsanlagen, Mehrfachnutzung neuer Wasserflächen	erhöhte Kontinuität des Wasserregimes, neue Nutzungsformen
Natur-/Landschaftsfaktoren				
Morphologie	Relief, Landschaft	Formenwandel, exogene Kräfte gefährden Boden, Landschaft, Mensch	spezifische Voll-/Hohlformen (Kippen, Halden, Restlöcher)	Neugestaltung kann landschaftliche/landeskulturelle Werte erhöhen

	Zerstörung	Negativwirkungen	Auf-/Ausbau	Positivwirkungen
Klima (Gelände-)	großklimat. Situation, kleinklimat. Lage	Belastung der Biosphäre, Gefahren/ „Rauchschäden“	Anpassungsmaßnahmen	Lage- u. Standortverbesserungen
Hydrologie	Grundwasserleiter und -lagerstätten	Absenkungen/ Austrocknung können Land-, Forst-, Fischwirtschaft beeinträchtigen	Riegelbauwerke/ Schlitzwände, Umpumpen aus wirtsch./ökolog. Gründen	Vorteile für ehem. Überschwemmungs-/ Nässegebiete
Geologie	gewachsene Profile	offenes „Interregnum“ gefährdet Sicherheit und Ordnung	Kippgestein, Restlöcher	Neugestaltung nach Gewinnung mineralischer Rohstoffe/Begleitmineralien

Die Entwicklung der Abraumtechnologie im Braunkohlenbergbau der DDR zeigt folgende Übersicht (Tab. 2; %):

Tabelle 2

	1960	1973	1980
Zugbetrieb	69,0	40,5	17,0
Förderbrückenbetrieb	28,4	52,5	62,0
Bandbetrieb	2,6	7,0	21,0

Quelle: Siebold, K., Neue Bergbautechnik 3 (1973) 12, S. 873—879;
Waldmann, H., Neue Bergbautechnik 4 (1974) 9, S. 670—674.

60% der erkundeten Vorräte lagern in der Lausitz, wo sich gegenwärtig die Hälfte der 35 betriebenen Tagebaue befindet. Bis 1990 laufen in der DDR 15 Tagebaue aus und 21 neue Großtagebaue werden aufgeschlossen. Das Freimachen des Vorfeldes von jeglichen baulichen Anlagen und entsprechender Entwässerungsvorlauf sind unabdingbar damit verbunden. Die Größe der Aufgabe ist außerdem an den bis zum Jahre 2000 vorgesehenen 100 Ortsverlegungen einschließlich sämtlicher infrastruktureller Folgerungen erkennbar. Aus der Tagebauentwässerung ergibt sich in Höhe der 4- bis 6fachen Rohkohlemenge eine Wasserhebung, die bereits 1973 die Gesamtförderung der VEB Wasserversorgung und Abwasserbehandlung übertraf und 1980 dem Volumen des ungarischen Plattensees oder dem Fassungsvermögen sämtlicher Talsperren und Staue der DDR vergleichbar ist. Die erschrotenen Wassermengen werden betrieblich genutzt, zumeist aber der örtlichen Vorflut zugeführt. Das sichert den landschaftsnotwendigen Mindestabfluß von Nachbargebieten oder erhöht die Abflußspende. In letzter Zeit werden sie auch für Bewässerungszwecke nutzbar gemacht. Der Grundwasserentzug bewirkt mehr oder weniger große Absenkungstrichter, die insbesondere die Ertragsfähigkeit der grundwassernahen leichten und organischen Böden in der Niederlausitz beeinträchtigen. Alle im Ergebnis der bergbaulichen Tätigkeit entstandenen Voll- und Hohlformen bedürfen der Wiedernutzbarmachung.

Devastierung — Wiederurbarmachung — Rekultivierung

Die Devastierung, d. h. Abgraben und Verkippen, bewirkt eine totale Veränderung des natürlichen Potentials von Boden und Landschaft. Planmäßig und ökologisch so effektiv wie möglich muß deshalb die Rückgabe nutzbarer Flächen an die Land-, Forst- und Wasserwirtschaft erfolgen. Unter Einschluß territorialer und landschaftspflegerischer Belange wird die Nutzungsart festgelegt, wobei auch die Erholungsanforderungen und andere gesellschaftliche Erfordernisse aus landeskultureller Sicht mit abzustimmen sind. Qualität und Umfang der Wiederurbarmachungsarbeit der Bergbaubetriebe bilden die entscheidende Grundlage der verantwortlich vom Rat des Bezirkes zu bearbeitenden Konzeptionen zur Gestaltung der Bergbaufolgelandschaft. Dazu stellen WERNER/EINHORN [12] fest, „daß trotz gelungener Einzelbeispiele eine weitere wissenschaftliche Durchdringung des Programms der Gestaltung von Bergbaufolgelandschaften unbedingt notwendig ist". Insbesondere für Entscheidungen der Territorialorgane in Gebieten mit Interessenüberschneidungen bzw. Funktionsüberlagerungen fehlen wissenschaftlich begründete Aussagen und bei der forschungsmäßigen Behandlung der noch zahlreichen ungelösten Probleme sei keine Zeit zu verlieren.

Im Fünfjahrplan 1971/75 waren 9700 ha gefordert, und 12 001 ha = 124% wurden wiederurbargemacht. In der Planperiode 1976/80 sind aber 12 500 ha der Rekultivierung zuzuführen. Davon werden 1973/80 etwa 20 Tagebaue betroffen, die rund 9000 ha in das Territorium einzugliedern und nutzungsfähig herzurichten haben. Hierbei sind allein für die Böschungsgestaltung etwa 90 Mill. m^3 Erdstoff zu bewegen, weshalb hydromechanische Verfahren zum Einsatz kommen [7]. Natürlich ergeben sich aus diesen Leistungen auch Erkenntnisse, die Wissenschaft und Technik wechselseitig befruchten. Es sollen deshalb hier im Zusammenhang und unter dem Aspekt einer aktiven Umweltgestaltung einige Aufgaben und Probleme dargelegt werden. Dabei wird als bekannt vorausgesetzt, daß der Bergbau für die Wiederurbarmachung und Gewährleistung der sog. „Mindestfruchtbarkeit" auf Planums- und Böschungsflächen einschließlich Hauptwirtschaftswegebau, Vorflutgestaltung und Erosionsschutz verantwortlich ist. Die anschließende Rekultivierung mit acker- und pflanzenbaulichen, waldbaulichen und weiteren meliorativen

Tabelle 3
Wiedernutzbarmachung devastierter Böden (technische und biologische Rekultivierung)

Mindestfruchtbarkeit = Anwachsen Erstkultur/Folgenutzung gewährleisten	⟶ ⟶	vollwertige Bodenfruchtbarkeit = Ertragsfähigkeit, antiphytopathogenes Potential (phytosanitäre Funktion), technologische Eigenschaften

Wiederurbarmachung	*Rekultivierung*
bodengeologische Gutachten (Vorfeld, Kippe) Kulturbodenverkippung Planierung Vorflut, Zufahrt-/Hauptwirtschaftswegebau } Erschließung Herstellung standsicherer Böschungssysteme, Erosionsschutz, Grundmelioration (mit Testsaat) Bodenverbesserung (Grundbodenbearbeitung, Grobentsteinung, Grunddüngung)	Mineraldüngung und Kalkung Binnenent-/Bewässerung Wegebau Bodenbearbeitung Auswahl geeigneter Fruchtarten ↓ Fruchtfolgegstaltung Wald- und Flurholzanbau ↓ **Bergbaufolgelandschaft** (ertragssicher, landeskulturell hochwertig, mit Mehrfachnutzungen)

Maßnahmen soll zur Entwicklung der „vollwertigen Bodenfruchtbarkeit" und systematischen Gestaltung der Bergbaufolgelandschaft führen (Tab. 3). Das Zusammenwirken von Wiederurbarmachung und Rekultivierung bezeichnen wir nach den gegenwärtigen Rechtsnormen in der DDR als Wiedernutzbarmachung (im internationalen Sprachgebrauch technische und biologische Rekultivierung). Verschiedene Phasen ihrer Vorbereitung, Planung, Projektierung und Realisierung wurden in den letzten Jahren eingehend wissenschaftlich bearbeitet. Durch verbesserte technische Gestaltung der Arbeitsprozesse konnten größere zusammenhängende Flächen mit höherer Qualität geschaffen werden. Schlaggrößen von 60 ha, die aus technologischer Sicht für vergleichbare Flächen auf gewachsenen Böden gefordert werden, ermöglichen heute auch auf dem Bergbauneuland eine industriemäßige Pflanzenproduktion.

Mittels Kulturbodenwirtschaft oder selektiver Gewinnung kulturfähigen Abraummaterials schafft der Bergbau die Voraussetzungen, daß bereits nach einer Rekultivierungsphase von 2 Rotationen mit humus- und stickstoffmehrenden Pflanzenarten, also nach etwa 15 Jahren das ursprüngliche Leistungsvermögen gewachsener Flächen erreicht und noch weiter angehoben werden kann. Die Einbeziehung der Rekultivierungsflächen in den volkswirtschaftlichen Reproduktionsprozeß beschleunigt man auch durch überlegte Ausnutzung der Abraumbewegung des Bergbaues für die Reliefgestaltung. Durch interessante Wald-Feldverteilung, ingenieurbiologische Bauweisen, Böschungsbepflanzung, Schutzstreifenanlage und anderen Flurholzbau ergibt sich eine Bereicherung des Landschaftsbildes. Auch durch geschickte Wegeführung und Wasserflächen läßt sich der Erlebniswert und der Erholungsnutzen der neuen Landschaft steigern. Die Bevölkerung in den industriellen Ballungsgebieten zieht daraus ökologisch und optisch wirksame Vorteile.

Natürlich wird das künftige landschaftliche Potential von den gegebenen geologisch-technologischen Bedingungen des Vorfeldes, insbesondere aber vom Kulturwert der Kippen und Halden entscheidend geprägt. Deshalb ist es von großem Vorteil, daß heute für die Aushaltung geeigneter Abraummassen sowie die form- und mineralgerechte Herstellung der Rückgabeflächen gesicherte bodengeologische Kenndaten vorliegen [13]. Das heißt, Deckgebirge und Kippen sind hinsichtlich bodenphysikalisch-chemischer und mineralogischer Eigenschaften sowie nach Kulturwert und Meliorationsbedarf der verschiedenen Substrate in Rohbodenformen und Behandlungseinheiten einzustufen. Darauf orientierte Verfahren der land- und forstwirtschaftlichen Rekultivierung wurden vom Institut für Landschaftsforschung und Naturschutz Halle der AdL ausgearbeitet.

Ist kulturfähiger Abraum als Schlußkippe aus standörtlich-technologischen oder volkswirtschaftlichen Gründen nur begrenzt oder überhaupt nicht verfügbar, so hat der Bergbau eine Grundmelioration und Bodenverbesserung durchzuführen. Diese Maßnahmen machen phytotoxisches Material kulturfähig, indem vegetationshemmende Eigenschaften wie Schwerbenetzbarkeit, Bodensäure, Nährstoffarmut und biologische Inaktivität ausgeschaltet werden. Zur Anwendung kommen:

— Böhlener Kalkmeliorationsverfahren,

— Domsdorfer Aschemeliorationsverfahren,
— Koyne-Verfahren (Aschemelioration + Abwasserlandbehandlung).

Zur optimalen Ausbringung und Einarbeitung von Kalk, Asche und Mineraldünger wurde die Kleinleipischer Technologie [6] entwickelt. Speziell für den Einsatz basenreicher Kraftwerksfilteraschen wurde die Silozugtechnologie [8], zwecks intensiverer Einarbeitung das Regiser Bodenfräsgerät [9] und zur Böschungsbehandlung die Zweiwege-Arbeitsmaschine [10] eingeführt.

Außerdem wurden das weiterentwickelte Tieflockerungs- und -kalkungsgerät nach Gora [4] in Kombination mit dem Silozug geprüft und erste Erfahrungen in der Gefügemelioration von Kippkalkmergel und -lehm einschließlich Grobentsteinung (Findlingsrodung) gesammelt. Aus Feldversuchen zur Staunässebehandlung ergab sich das Tieffräsen von Stadtkompost als komplex wirksame Optimalvariante mit bisher über 4 Jahre bewiesener Nachhaltigkeit. Im übrigen erbrachten Einsatzprüfungen der Regisfräse zur Erdstabilisierung im Hauptwirtschaftswegebau nach Untersuchungen der Forschungsstelle Bernburg Leistungssteigerungen auf 500%, eine Kostensenkung um 55% und durch Bauweisenoptimierung weitere 10 TM/km Nutzen. Die Regisfräse wurde zur Leitmaschine im neuen technologischen Komplex Wegebau und Erdstabilisierung für die Meliorationsbaukombinate der DDR.

Weiterhin wurden in den letzten Jahren seilgezogene Planiergeräte getestet und bei der Kultivierung von Kraftwerksasche- und Industriemülldeponien sowie durch Einsatz von Abprodukten (einschl. Bentonit, Xylit oder ammonifiziertem Torf) als Zuschlagstoffe oder Meliorationsmittel auch aus landeskultureller und materialökonomischer Sicht weitere Fortschritte erzielt.

Im Hinblick auf die zukünftigen Aufgaben des Braunkohlenbergbaues ergeben sich aber aus der Sicht der Wiedernutzbarmachung eine Reihe neuer Anforderungen. So wären zur Kulturbodenwirtschaft und gleichermaßen auch für notwendige Grundmeliorationen tagebaubetriebstechnische und verkippungstechnologische Untersuchungen in bezug auf optimale Varianten je nach den Bedingungen im Vorfeld angebracht. Auf Grundmeliorationsflächen wären außerdem die Bodenbildung und Humusentwicklung, die bodenbiologische Aktivierung und Mobilisierung des pflanzenverfügbaren Nährstoff- und Spurenelementdargebotes weiter zu prüfen einschließlich der boden- und gefügemeliorativen Wirkung industrieller, kommunaler und landwirtschaftlicher Abprodukte im Hinblick auf die ökologische Belastbarkeit bzw. Tragfähigkeit der Standorte. Feldversuche mit Siedlungsmüllkompost bewiesen, daß sich devastierte Böden bereits durch einmalige hohe Gaben (bis 600 t/ha) in Verbindung mit NPK-Düngung und Tiefbearbeitung ertragsmäßig auf den Stand der ursprünglichen, gewachsenen Ackerböden bringen lassen. Das unterstreicht den außerordentlichen volkswirtschaftlichen Wert von Forderungen nach verstärktem Einsatz organischer Düngestoffe im Hinblick auf eine verkürzte Rekultivierungsphase, verbunden mit hohen und stabilen Erträgen, phytosanitärem Potential und technologischen Vorteilen.

Außerdem bedürfen spezielle Aufgaben des Acker- und Pflanzenbaues in Zusammenhang mit ökonomischen Fragen der Kippenbewirtschaftung und Erschließung sowie Regelungen auf dem Gebiet des Ausgleiches von Wirtschaftserschwernissen und der Schadensanierung einer weiteren standortdifferenzierten und generellen Bearbeitung.

Böschungen und Tagebaurestlöcher

Etwa 5% der Rekultivierungsfläche verbleiben als Böschungen von Kippen, Halden und Restlöchern. Da sie die öffentliche Sicherheit und die Volkswirtschaft nicht gefährden dürfen, müssen sie entsprechend bodenmechanischen Kennwerten abgeflacht, nutzungsfähig gestaltet und in das Territorium eingegliedert werden.

Standsicherheit und Nutzungsfähigkeit von Böschungen sind über erdbautechnische Formgebung, Wiederurbarmachung mit und ohne Kulturbodenauftrag und ingenieur-biologischen Böschungsschutz zu gewährleisten. Auf planierten Böschungen ermöglicht das Zweiwegeverfahren mit speziell als Zweiwege-Arbeitsmaschinen entwickelten Allradschleppern eine erosionshemmende Hangquer- bzw. Horizontalbearbeitung. Außer dem Bodenschutz sprechen auch sicherheitstechnische und energetische Gründe für die Schichtlinienarbeit im „Weberschiffchen“-Prinzip [1]. Es erfolgt nur Fahrt- bzw. Arbeitsrichtungswechsel am Schlagende ohne das unfallgefährdete Wenden oder Umlenken auf der Böschung. Der Hangabtrieb wird durch Fahren in der Furche und Gegensteuerung zweier lenkbarer Achsen („Hundegang“) kompensiert. Umfangreiche Anwendungsmöglichkeiten dieser Entwicklung bestehen auch in der Land- und Forstwirtschaft. Mit dem Kalkstreuwagen [5], dem Aufbringen einer Neutralisationsdeckschicht (pat. Heideverfahren) und mit dem Schlauchanschluß am Silozug sowie durch Sprengverteilung oder durch Flugzeugeinsatz sind Entwicklungsschritte verbunden, um Meliorations- und Düngemittel mechanisiert auf Böschungen aufzubringen. Außerdem wurden primär für Steilböschungen in den Braunkohlenkombinaten Regis und Senftenberg Geräteträger gebaut, die an Stelle der Schleppschaufel am Universalbagger und an anderen Seilzugaggregaten oder Zugmitteln zum Einsatz kamen [2, 11]. Alle diese Lösungsvarianten bedürfen aber für die Böschungsnutzung und Erschließung von Tagebaurestlöchern dringend der weiteren Bearbeitung, wenn man bedenkt, daß etwa 400 solcher Objekte in den nächsten Jahren im Niederlausitzer Braunkohlenrevier und im Raume Halle—Leipzig einer Mehrfachnutzung durch Industrie, Wasser- und Landwirtschaft oder für Erholungszwecke zuzuführen sind, nicht zuletzt auch unter Gesichtspunkten des Natur- und Umweltschutzes. Hierbei werden diffizile Ausbauforderungen geltend gemacht, wie Zu- und Abflußmöglichkeiten, Ausbildung flacher Staulamellen, Entwicklung von Sandstrand- und Flachuferpartien. Geophysikalische und bodenmechanisch-hydrologische Fragen stehen damit im Zusammenhang. Die hydromechanische Böschungsabflachung ist insbesondere zur Gestaltung gefährdeter Bereiche geeignet, jedoch nur für Böden bis etwa 40% Feinerdeanteil [7]. Schließlich gelten für die wasserwirtschaftliche und die Erholungsnutzung eines Restloches besondere wasserchemische Qualitätsforderungen (z. B. pH-Werte von

6 bis 8, maximaler Eisengehalt 5 mg/l). In den industriellen Ballungsgebieten mit hohem Brauchwasserbedarf können außerdem mit den Füllzeiten der Restlöcher sowohl durch Grundwasserregeneration als auch durch Flutungswasser erhebliche Probleme verbunden sein.

Schlußfolgerung

Landeskulturelle Zielfunktion der Wiedernutzbarmachung von Kippen, Halden und Restlöchern sind Mehrfachnutzung, vollwertige Bodenfruchtbarkeit und stabile Biogeozönosen. Die Variationsbreite und die Größe dieser Aufgabe gewinnt angesichts des Stellenwerts von Energie, Nahrung und Umwelt für Wirtschaft und Gesellschaft sicher noch stärker an Aktualität. Die bereits geschaffenen Bergbaufolgelandschaften mit beispielhaften Lösungen, aber auch manche Problemflächen sprechen für eine weitere wissenschaftliche Durchdringung. Sie regen zu interdisziplinärem Erfahrungsaustausch im Interesse von Forschung und Praxis an (vgl. auch [3]), um ertragssichere, landeskulturell hochentwickelte Bergbaufolgelandschaften zu gestalten.

Literatur

[1] Armand, D.-L.: Landwirtschaftliche Nutzung erodierten Landes in Gebieten mit nicht gesicherter Befeuchtung. Pertermanns Mitteilungen 2 (1959) S. 153.

[2] Breyer, E.: Komplexe Böschungsgestaltung und Melioration von Kippenböschunbgen zur Wiederurbarmachung in Braunkohlentagebauen. Neue Bergbautechnik 1 (1971) H. 8, S. 610.

[3] Fedotov, V. I.: Methodologische Grundlagen und Methodik zur Untersuchung technogener Landschaften. Programme i metodika izvc. technogen. biogeocenozov, Moskau (1978), S. 53—64 (russ.), ref. SI — 79.215, RZ 1978/12.72.767.

[4] Gora, A.: Feld- und Laboruntersuchungen an Pseudogleyen verschiedenen Ausgangsmaterials als Grundlage für deren standortgerechte Melioration. Albrecht-Thaer-Archiv 8 (1968) H. 6/7, S. 551.

[5] Homuth, O.: Meliorierung, Begrünung und Bepflanzung von Erdböschungen aus stark saurem, toxischem Tertiärmaterial. Braunkohle (1968) Bd. 20, H. 2, S. 49.

[6] Katzur, J. und F.-K. Heiske: Das Kleinleipischer Meliorationsverfahren. Neue Bergbautechnik 4 (1974) H. 9, S. 690.

[7] Kluge, Ch.: Das Abflachen von Böschungen des Braunkohlenbergbaues durch Spülen. Technik und Umweltschutz (1977) H. 18, S. 73.

[8] Krummsdorf, A.: Silozugeinsatz mit Braunkohlenfilteraschen zur Grundmelioration kulturfeindlicher Bergbauflächen. Neue Bergbautechnik 1 (1971) H. 4, S. 283.

[9] Krummsdorf, A.: Neue Technik zur Wiederurbarmachung devastierter Böden durch Grundmelioration. Neue Bergbautechnik 5 (1975) H. 6, S. 439.

[10] Krummsdorf, A.: Einsatz des Zweiwegetraktors zur Böschungsmelioration. Technik und Umweltschutz (1977) H. 9, S. 118.

[11] Wagner, E.: Erprobung und Verbesserung des Rostocker Böschungsbearbeitungsgerätes. Bericht 20 der Zentralen Gruppe Wiederurbarmachung im VEB Braunkohlenkombinat Regis 1970.

[12] WERNER, K. und W. EINHORN: Probleme der planmäßigen Gestaltung komplexer Bergbaufolgelandschaften. Neue Bergbautechnik 6 (1976) H. 7, S. 536.
[13] WÜNSCHE, M.: Die Bewertung der Abraumsubstrate für die Wiederurbarmachung im Braunkohlenrevier südlich von Leipzig. Neue Bergbautechnik 6 (1976) H. 5, S. 382.

Otto Rosenkranz

Umweltfreundliche Landwirtschaft

Die Landwirtschaft ist der Bereich der gesellschaftlichen Produktion, in dem die Menschen vorwiegend die für ihre Existenz notwendigen Nahrungsmittel produzieren, seit sie aufgehört haben, ihren Unterhalt durch das Sammeln von Früchten, durch Jagd und Fischfang ausschließlich zu decken. Wie jede Produktion erfolgt das in ständiger Auseinandersetzung mit der Natur. In ihr entwickelt sich nicht nur der Mensch selbst, sondern er verändert auch die Natur, die — ich zitiere — „... nicht ein unmittelbar von Ewigkeit her gegebenes, sich stets gleiches Ding ist, sondern das Produkt der Industrie und des Gesellschaftszustandes, und zwar in dem Sinne, daß sie ein geschichtliches Produkt ist, das Resultat der Tätigkeit einer ganzen Reihe von Generationen. ... In diesem Sinne ist die gesamte intensiv gestaltete Landschaft in Form von landwirtschaftlichen Nutzflächen, kultivierten Wäldern, Natur- oder Landschaftsschutzgebieten, Erholungsgebieten oder Parks ein Produkt des gesellschaftlichen Reproduktionsprozesses [2].

Da die Nutzung der Natur bei der Produktion der für die Existenz der Menschen erforderlichen Güter mit ständigen Eingriffen, vor allem dem Verbrauch von in ihr vorgefundenen Arbeitsgegenständen verbunden ist, sind, wie Haase [3] anläßlich eines Kolloquiums über „Optimale Gestaltung der Umwelt“ im September 1971 ausführte, „die Stabilität des Naturhaushaltes, sein physiko-chemisches und biologisches Gleichgewicht und dessen Regenerationsfähigkeit ... wesentliche Voraussetzungen für die nachhaltige Nutzung der Reichtümer der natürlichen Umwelt durch die Gesellschaft.“

In dem gleichen Kolloquium sprach Mottek [9] „... von der lebensnotwendigen Entwicklung eines umweltgerechten Systems der Produktivkräfte“, von dem er ein Minimum, möglichst keine unerwünschten Nebenwirkungen auf die Umwelt verlangt. Zu ihnen zählt er Luftverschmutzung durch Abgase, die Wasserverschmutzung durch Abwässer und Maschinenlärm ebenso, wie die Schädigung der Pflanzenwelt durch Herbizide oder die Störung des Wasserhaushalts im Boden.

Treten aber im Zuge einer bestimmten Produktion keine das Wohlbefinden der Menschen nachträglich beeinflussenden Nebenwirkungen ein, wird im Gegenteil sogar ein Beitrag zur Verbesserung der Stabilität des Naturhaushalts und zur Kompensierung in anderen Bereichen der Produktion entstehender unerwünschter Nebenwirkungen erreicht, so sollte man nicht nur von umweltgerechter, sondern von umweltfreundlicher Produktion sprechen.

Als umweltfreundlich soll danach eine Produktion oder eine Tätigkeit verstanden werden, durch die die natürliche und auch der durch sie betroffene Teil der gebauten Umwelt als Gesamtheit in ihrer Bedeutung für den Menschen und seine Existenzbedingungen weder für den Augenblick, noch eine längere Zeit oder gar auf die Dauer zum Nachteil der Menschen verändert wird.

Als solch ein Bereich der gesellschaftlichen Produktion erscheint mir die Erzeugung von Nahrungsgütern als Pflanzen- oder Tierproduktion, wie sie richtig betrieben in der Landwirtschaft zustandekommt.

Umweltfreundliche Landwirtschaft soll dabei nicht nur im Sinne einer Aussage verstanden werden, nach der Pflanzen- und Tierproduktion immer und ausschließlich ohne nachteilige Nebenwirkungen auf die Umwelt vor sich gehen. Es ist auch die Frage zu stellen, ob das ganz allgemein zutrifft, — und wo das nicht der Fall ist. Schließlich ist „umweltfreundliche Landwirtschaft“ auch als Forderung zu verstehen, nach der es darum geht, beim Betrieb der Produktion von Nahrungsgütern mögliche oder fahrlässig eintretende Schädigungen der Umwelt zu vermeiden und von vornherein auszuschließen.

Das Thema ist so gesehen zu komplex und damit zu umfangreich, um es in einem einzigen Vortrag vollständig abzuhandeln. Es kann daher nur Denkanstöße geben, Anregungen zu Diskussionen und soll dazu beitragen, die Einschätzung der Landwirtschaft im Interesse besserer Einsicht in die Ursachen einer viel beklagten zunehmenden Belastung unserer Umwelt zu korrigieren.

Industrie und Landwirtschaft, diese beiden Bereiche unserer Volkswirtschaft, sind so eng miteinander verbunden, daß die Existenz des einen ohne den anderen in ihrer heutigen Form nicht vorstellbar ist. Auseinander im Zuge der Entwicklung der Produktivkräfte und fortschreitender Arbeitsteilung bei der Schaffung von Konsumgütern für die Erhaltung der Gesellschaft entstanden, sind sie doch durch eine völlig andere Basis unterschieden.

Während in allen anderen Bereichen die Produktion von Gütern mit einer Verminderung von Rohstoffen — Erzen und Bodenschätzen der verschiedensten Art — einhergeht und abzusehen ist, daß manche Vorkommen, nicht zuletzt die an fossilen Brennstoffen, sich erschöpfen werden, beruht die Produktion von Pflanzen sowie die von Tieren und Tierprodukten aus ihnen auf der Nutzung biologischer Prozesse und ihrer zunehmenden Beherrschung. Während bei jeder industriellen Produktion beschränkt verfügbare Rohstoffe und Energie verbraucht werden, stellt, wie Ringpfeil [1] in seinem Vortrag vor dem Plenum der Akademie der Wissenschaften sagte, „... die Landwirtschaft ... die Hauptform der organisierten Nutzung der Produktion der Biosphäre“, — gemeint ist die Nutzung der in der Biosphäre ablaufenden Naturprozesse — dar. „Die Pflanzenproduktion ist ein für die Ressourcenproblematik der menschlichen Gesellschaft grundlegender Vorgang.“ Ringpfeil begründet das damit, daß „durch die photoaktivierte Umwandlung der chemisch endoxidierten, also keinen nutzbaren Energiegehalt aufweisenden Verbindungen ... aus dem kostenlos verfügbaren Sonnenlicht Energie in ... der Pflanzenmasse fixiert wird“ [11].

In der Natur vorgefundene Pflanzen und Tiere hat der Mensch zu seinen Arbeitsmitteln, gleich Arbeitsinstrumenten, gemacht. Er hat sie seinen Zwecken entsprechend in vielen Generationen verändert und benutzt sie, um mit ihnen Pflanzen, organische Masse herzustellen und sie mit Tieren in Tiere und Tierprodukte umzuwandeln. Dabei beschränkt sich seine Tätigkeit auf Bedienungsfunktionen großer Zahlen von Einzelorganismen, die er sich in einem bestimmten Stadium ihrer Entwicklung entweder total aneignet — erntet —, um sie damit zu zerstören, zur Reproduktion benutzt — Saat- und Pflanzgut sowie Zuchttiere — oder deren Sekrete er als Nahrung verwendet. Immer brauchen die vom Menschen genutzten Tiere Pflanzen als Grund- und Hilfsmaterial zu ihrer Ernährung und Entwicklung, für Zuwachs und die Bildung der vom Menschen benötigten Produkte (Eier, Milch, Fleisch, Wolle). Neben wenig Mineralstoffen aus dem Boden, als ihrem Standort, benötigen Pflanzen zu ihrer Entwicklung kein anderes Material als Kohlendioxyd, Wasser, Sauerstoff, Stickstoff und Sonnenenergie. Der Großteil der mit ihnen entstehenden Masse stammt also aus der Luft.

Im Stoffkreislauf von Assimilation und Zersetzung organischer Substanz wird der Umwelt immer nur entnommen, was ihr hinterher wieder zugeführt wird. Pflanzen- und Tierproduktion sind damit, so lange die dafür erforderliche Energie von der Sonne zur Verfügung steht, unbeschränkt fortführbar. Auch die dem Boden entnommenen Mineralien kommen im Kreislauf zum Einsatz, wenn Produktion und Abbau in den gleichen geografischen Räumen erfolgen, alle Zersetzungsprodukte wieder an den Ort ihrer Entnahme kommen — so lange keine Vergiftung von Luft, Wasser oder Boden eintritt.

Die Landwirtschaft als Bereich der Produktion ist damit durchaus in der Lage, die Produktion so durchzuführen, daß ihre Produktionsbasis, der Boden und die Umwelt, nicht erschöpft, sondern für die Produktion immer geeigneter werden.

Alles, was an Abbauprodukten oder Nebenprodukten entsteht, kann als Rohstoff für die weitere Produktion eingesetzt werden (Pflanzenreste, Kot und Harn, Wurzelmasse), wobei der Kot, als Schlacke oder Abraum bei der Gewinnung von für den Menschen oder die Tierproduktion gewonnener Energie betrachtet, geradezu unentbehrlich für die Fortsetzung des Produktionsprozesses ist. So lange die Sonne scheint, steht die für die Pflanzenproduktion benötigte Energie gratis zur Verfügung. Gleiches gilt für Niederschlagswasser. Erst Zusatzberegnung verursacht Kosten. Je mehr Kohlensäure aus dem Abbau organischer Masse, aus der Atmung von Pflanzen, Menschen und Tieren, aber auch aus der Verbrennung fossiler Brennstoffe in Industrie und Haushalten zur Verfügung steht, desto mehr kann wachsen.

Je mehr wächst, je mehr für den Menschen nutzbare Pflanzenmasse auf den von ihm für die Produktion hergerichteten Böden mit den von ihm geschaffenen bzw. entwickelten Pflanzen gebildet wird, desto mehr Energie steht nicht nur für den Reproduktionsprozeß der Pflanzenproduktion, sondern auch zur Verwendung über ihn hinaus zur Verfügung.

Im Gegensatz zu anderen Bereichen ist Produktion mit Pflanzen nicht nur als geschlossenes System möglich — es liefert sogar erhebliche Mengen an gewonnener

Energie. Je kleiner dabei auftretende Verluste nach außen werden, desto kleiner ist der Bedarf des System an Zufuhren von Mineralstoffen und anderen Materialien — es sei denn, daß sie zur Ausdehnung der Kapazität des Systems genutzt werden sollen.

Die Landwirtschaft hat damit alle Voraussetzungen, als „Rückgewinnungswirtschaft" betrieben zu werden, wenn von der ständigen Zufuhr von Sonnenenergie abgesehen wird bzw. würden nur sehr geringe Zufuhren ausreichen, um sie und die Höhe der Produktion zu entwickeln.

Werden im Verlaufe eines Jahres auf einem m^2 landwirtschaftlicher Nutzfläche in der DDR 800...900 g organischer Masse gebildet, so beträgt das Gesamtaufkommen an Trockenmasse aus der Pflanzenproduktion der Landwirtschaft — die Forstwirtschaft nicht mitgerechnet — bei 6,2 Mill. ha 49...55 (annähernd 50) Mill. t. Mit einem Brutto-Energie-Gehalt (Brennwert) von $\bar{x}$ = 4000 kcal/kg Trockenmasse hat sie einen Brennwert von 200 Mill. Gcal.[1] Das ist ziemlich genau so viel, wie in 80% der in der DDR im Jahre 1976 erzeugten Braunkohlenbriketts bei einem Brennwert von 5000 kcal/kg enthalten war — die für die Herstellung der Briketts verbrauchte Energie nicht gerechnet —, und ohne dafür landwirtschaftliche Nutzfläche zerstört zu haben, ohne Tagebaurestlöcher und die Notwendigkeit hoher Aufwendungen für Rekultivierungsmaßnahmen.

Von der insgesamt mit der Pflanzenproduktion erzeugten Trockenmasse entfallen etwa 25...30% oder 13 Mill. t auf die nicht unmittelbar nutzbare Wurzelmasse, zu denen noch Ernterückstände mit etwa 5 dt/ha oder 3 Mill. t kommen. 35 Mill. t Trockenmasse stehen für Saat- und Pflanzgut, Ernährung von Menschen und Tieren sowie Einstreu zur Verfügung. Ein nicht unerheblicher Anteil muß außerdem für Verluste veranschlagt werden.

Mehr als 1 Mill. kcal als Bedarfsnorm an Nettoenergie für die Versorgung eines DDR-Bürgers aus Lebensmitteln ergeben bei einem Anteil am Energieeinsatz von 65% aus pflanzlicher und 35% aus tierischer Kost (Stat. Jahrbuch 1977) [12, S. 191] einen Bedarf von etwa 700 000 kcal aus Pflanzenkost und 360 000 kcal aus tierischer Kost (berechnet nach Stat. Jahrbuch 1977, S. 303). Für ca. 17 Millionen Einwohner kann man daraus mit etwa 32 Mill. t Trockenmasse — 4 Mill. als Pflanzenprodukte und rd. 28 Mill. t Trockenmasse als Futter[2] — als Bedarf rechnen. Zu ihnen kommen etwa 1 Mill. t Trockenmasse als Saat- und Pflanzgut, der Rest von 1...2 Mill. t ist als Streustroh oder als Verlust anzusetzen.

Diese sehr grobe Kalkulation ergibt, was aus der Praxis bekannt ist:

Die in der Landwirtschaft der DDR erzeugten Nahrungsmittel reichen aus, ihre Bevölkerung reichlich zu versorgen. Aus 28 Mill. t Trockenmasse des Futters kann

[1] Über die Höhe der je m^2 erzeugten organischen Masse gibt es unterschiedliche Angaben. In den angenommenen 800...900 g/m^2 soll mit enthalten sein, was im Verlaufe eines Jahres auf- und abgebaut wird (Brutto-Produkt). Bei Annahme anderer Mengen wird nur der auf Wurzelmasse entfallende Teil des Gesamtaufkommens verändert.

[2] Berechnet aus [12] und Reproduktionszahlen für den Aufwand an Futter in der Tierproduktion [4].

man mit einem Anfall von 14 Mill. t Trockenmasse an Kot rechnen, die bei Verlusten von 30% nur bei Ergänzung durch Stroh ausreichen, die erforderliche organische Masse dem Boden zuzuführen.

Von der insgesamt erzeugten Trockenmasse werden für die Ernährung der Menschen in der DDR einschließlich der bei der Umbildung von Pflanzen in Tierprodukte eintretenden Verluste etwa 60% genutzt.

Eine Einschätzung der gegenwärtigen landwirtschaftlichen Produktion nach der Entwicklung der Erträge in den letzten 100 Jahren, besonders in den letzten Jahrzehnten nach dem Ende des 2. Weltkrieges, und eine Prognose der weiteren Ertragsentwicklung führt zur Bestätigung der These, daß die „Bodenfruchtbarkeit" — gemeint sind die Erträge — sich mit der Entwicklung der Produktivkräfte ständig weiter erhöhen läßt.

Im Zusammenhang mit solchen Überlegungen wird immer wieder die Frage aufgeworfen, ob der mit einer solchen Steigerung der Produktion verbundene zusätzliche Aufwand an Material und Energie, die dem System des landwirtschaftlichen Produktions- bzw. Reproduktionsprozesses zugeführt werden müssen, sich lohnt, und ob der heute in der Landwirtschaft für Düngemittel, Maschinen und Treibstoffe getätigte Aufwand überhaupt gerechtfertigt ist.

Nach von Ringpfeil [11] zitierten amerikanischen Untersuchungsergebnissen — ähnliche Berechnungen lassen sich auch für unsere Landwirtschaft anstellen — werden für die Produktion von 1 kg Mais mit einem Energiegehalt von 2820 kcal in Brennstoff, Düngemitteln, Maschinen, Elektroenergie usw. bis zur Handarbeit 1165 kcal benötigt. Unter Berücksichtigung der damit insgesamt produzierten Pflanzenmenge (Korn und Stroh) kommen sie bei einem Einsatz von 130 kg/ha Stickstoff und einem Kornertrag von 5.2 t/ha auf ein Verhältnis der gewonnenen zur eingesetzten Energie von etwa 5 : 1. Sind solche Kalkulationen, wie auch Ringpfeil und Mitautoren sagen, nicht nur wegen der Bewertung der menschlichen Arbeit in Kalorien problematisch, so bestätigen sie doch, daß bei der Produktion von Pflanzen mit Pflanzen mehr Energie gewonnen als verausgabt wird. Berichtigt man den angeführten Vergleich dadurch, daß der Aufwand an Energie für die Ertragsbildung bzw. seine Erhöhung von dem für die Erledigung der vom Menschen im Produktionsprozeß getätigten Bedienungsfunktionen (Bodenbearbeitung, Bestellung, Pflege, Ernte usw.) getrennt wird, so ergibt sich, daß 1 kg Mais (Korn) mit einem Einsatz an Kosten verursachendem Grundmaterial, Düngemitteln, mit einem vorgeleisteten Energieaufwand von nur 443 kcal produziert wird. Das Verhältnis von Ertrag zu Aufwand wird bei Berücksichtigung aller Pflanzenteile auf 13 : 1 erweitert. Eine Bestätigung dieses Ergebnisses ergibt sich auch nach Angaben der gleichen Verfasser aus einer Bilanz für Erträge und Stickstoffaufwand bei der Produktion von Getreide in der DDR.

Geht man von dem in den letzten 10 Jahren erreichten Anstieg der Getreideerträge in der DDR um etwa 10 dt/ha Korn [12] zuzüglich der gleichen Masse anderer organischer Substanz und einem zusätzlichen Stickstoffeinsatz von 40 kg/ha landwirtschaftlicher Nutzfläche aus, so wurde durch den Einsatz der für die Herstellung von 1 kg N in Düngemitteln verbrauchten Energie (nach Ringpfeil wird mit 15 800 kcal je kg N gerechnet) auch die fast 13fache Energiemenge als Brennwert gewonnen. Die für Weizen und Mais ermittelten Werte liegen so dicht beieinander, wie es bei der Grobheit der durchgeführten Kalkulation nicht besser sein kann.

Während bei steigendem Einsatz von Grundmaterial in der Pflanzenproduktion (vor allem von Düngemitteln) so lange die Erträge steigen auch energetisch Vorteile durch bessere Nutzung verfügbarer Gratis-Faktoren (Sonnenenergie, Kohlensäure, Wasser, aber auch im Boden vorhandener anderer Stoffe) eintreten, wirkt eine zunehmende Umwandlung von Pflanzen in Tierprodukte wegen der damit verbundenen Verluste sich energiewirtschaftlich ungünstig aus. Steigender Verbrauch von Fleisch, Eiern, Milch verlangt einen um ein Vielfaches höheren Einsatz von Energie als Bereitstellung der gleichen Menge in pflanzlicher Kost.

Anders als der Einsatz von Energie im Grundmaterial für die Produktion von Pflanzen und Tieren ist der für die Erledigung der Arbeiten in den Produktionsprozessen zu betrachten. Hierbei ist festzustellen, daß mit zunehmendem Ersatz menschlicher Arbeit und tierischer Zugkräfte bei der Produktion von Pflanzen der Aufwand an Kosten verursachenden Produktionsmitteln und der für ihre Herstellung benötigten Energie steigt — ohne daß eine unmittelbare Ertragssteigerung eintritt.

Mit 1,2 Mill. t Dieselöl [6] werden in der Landwirtschaft der DDR — der Einsatz von Kohle und Elektroenergie erfolgt kaum bei der Pflanzenproduktion — 11×10^6 Gcal im Jahr verbraucht. In den Landwirtschaftlichen Produktionsgenossenschaften Pflanzenproduktion ergibt sich daraus ein Aufwand von 150 bis 200 kg Dieselöl je Hektar landwirtschaftlicher Nutzfläche. Ihr Energiegehalt entspricht dem einer Trockenmasse als Ernteertrag von 4 bis 5 dt ohne den Aufwand, der für ihre Umwandlung in Maschinentreibstoff notwendig ist. Hinzu kommt mit steigendem Einsatz von Maschinen der für ihre Herstellung und Instandhaltung erforderliche Energieaufwand.

An der insgesamt von der Landwirtschaft der DDR in Pflanzenprodukten erzeugten Energie von 200 Mill. Gcal gemessen, beträgt die im von ihr verbrauchten Dieselöl enthaltene Energie nur etwa 5%. Ihnen steht aus eingesparten Futtermitteln die Freisetzung von Nahrungsmitteln für etwa eine Million Menschen gegenüber — und eine Verminderung des Bedarfs an Arbeitskräften um mehr als die Hälfte.

Der Einsatz von „Fremdenergie“ für die Arbeitserledigung in den Prozessen der Pflanzenproduktion wird damit zwar nicht unmittelbar durch Einsparung von Aufwand für Zugkräfte ausgeglichen, er führt aber zusammen mit dem Einsatz von Grundmaterial zu höheren Erträgen und damit zu einer insgesamt positiven Energiebilanz.

Er lohnt sich so lange, bis die mit Pflanzen und Gratisfaktoren gegebenen Kapazitäten ausgeschöpft sind. Und er lohnt sich mit der Schaffung jeder neuen Kapazität für die Bildung zusätzlicher Mengen organischer Masse durch die Einbeziehung weiterer Pflanzenarten mit höherem Umsatzvermögen in die Stoffproduktion, oder auch nur durch die Schaffung neuer Sorten unserer alten Kulturpflanzen. Er lohnt sich, weil es nur so möglich ist, die stetig anwachsende Menschheit zu ernähren und das Aufkommen an Nahrungsmitteln über das Anwachsen der Zahl der Menschen hinaus zu steigern.

Geht es aber um Fragen der Umweltverschmutzung und ihre Verursacher, so trifft man auf die weit verbreitete Meinung, daß sie vor allem der Landwirtschaft anzulasten ist. Sonst ernst zu nehmende Autoren bewirken durch Veröffentlichungen über Beziehungen zwischen Landwirtschaft und Umwelt, durch Hinweise auf tatsächliche Ereignisse oder auch nur potentielle Verschmutzungsgefahren durch die Landwirtschaft oder ihre Abprodukte eine Bestärkung solcher Meinungen.

Eine besondere Rolle spielen dabei im Verlauf der geschichtlichen Entwicklung und bis in die Gegenwart eingetretene Verwüstungen ganzer Regionen. Nildelta und Mesopotamien, Sahara und das ständige Anwachsen der Wüsten in der ganzen Welt sind ebenso wie die Verkarstung der Gebirge im Mittelmeerraum Zeugen falschen menschlichen Verhaltens, wobei die Ackerbauer in den seltensten Fällen die Alleinschuld trifft. Überhaupt kann man, ohne zu unterschätzen, was dort geschehen ist oder noch geschieht, Fehlentwicklungen, Raubbau am Boden, am Acker und Wald nicht mit landwirtschatflicher Tätigkeit, etwa der Landwirtschaft, wie sie in unseren Breiten betrieben wird, gleichsetzen. Die zunehmende Beherrschung der mit Boden, Wasser, Luft zur Verfügung stehenden Gratisproduktivkräfte verändert zwar auch die Natur. Der Anteil von Acker und Grünland verändert sich, Wald wird gerodet oder angepflanzt, der Anteil einzelner Pflanzen und Tiere am Gesamtbestand wird durch die Tätigkeit des Menschen verändert. Geht man aber davon aus, daß im Verlaufe der Entwicklung der Erde immer wieder Populationen und Arten neu entstanden und auch untergegangen sind, so ist der Einfluß des Menschen darauf doch von untergeordneter Bedeutung, so lange er nicht Tierarten bewußt oder unbewußt im Interesse der eigenen Existenz ausrottet.

Inwieweit ist denn nun die Landwirtschaft tatsächlich an der zunehmenden Verschmutzung der Umwelt beteiligt? Angaben wie von Kramer [7], die auch bei Heinisch [5] wiederholt werden, nach denen die Landwirtschaft als am Wasserverbrauch nur mit 20%, „aber mit 46% potentiell an der Gesamtverschmutzung beteiligt“ ist, müssen korrigiert werden, weil sie irreführend sind, auch wenn später in der gleichen Schrift „als Reihenfolge der Hauptverschmutzer: Industrie, Bevölkerung, Landwirtschaft“ genannt wird.

Von allen Niederschlägen auf dem Gebiet der DDR mit etwa 60 Milliarden m^3 fließen unter Einbeziehung der Zuflußmengen 18,5 Milliarden m^3 — die Angaben schwanken — ab. Davon wurden 1972 etwa 7 Milliarden m^3 zur Deckung des Bedarfs von Industrie und Bevölkerung entnommen, der bis 1980 auf 11 Milliarden m^3 anwachsen soll. 20% davon mit 1,4 bis 2,2 Mrd. m^3 werden als Bedarf der Landwirtschaft angegeben. Sie stellen aber nur einen Bruchteil dessen dar, was von ihr für die Produktion von organischer Masse benötigt wird. Für eine Stoffproduktion von 50...55 Mill. t Trockenmasse sind allein 12 bis 14 Mrd. m^3 Wasser oder

200 bis 250 mm der insgesamt anfallenden durchschnittlich 600 mm Niederschläge erforderlich. Rechnen wir ihnen 200 mm für die Verdunstung hinzu, die zu keiner Stoffproduktion führt, so bleiben für Abflußmengen und Versickerung ins Grundwasser von den auf die landwirtschaftliche Nutzfläche der DDR fallenden Niederschlägen von etwa 37 Mrd. m^3 nur noch etwa 10 Mrd. m^3, die durch Zuflüsse und Niederschläge auf Wald und andere Flächen ergänzt werden. Damit ist die Landwirtschaft mit Abstand der größte Wasserverbraucher, auch wenn die auf der landwirtschaftlichen Nutzfläche eintretende Verdunstung ihr nicht zugerechnet wird. Industrie und Bevölkerung folgen erst mit großem Abstand, wobei das für sie benötigte Wasser Aufwand an Arbeit und Energie erfordert, während die Landwirtschaft, so lange sie keine Zusatzberegnung einsetzt, wieder mit Gratis-Naturkräften produziert. Alles von der Landwirtschaft für die Pflanzenproduktion eingesetzte Wasser wird aber in völlig reinem Zustande an die Atmosphäre zurückgegeben. Dem steht die Belastung der Gewässer durch Einbringung von löslichen und nichtlöslichen Stoffen gegenüber, die ihre Qualität beeinflussen und zu erheblichen Schäden führen kann — sogar in zunehmendem Maße führen.

Welte [15] unterscheidet dabei zwischen Eutrophierung, Verschmutzung und Vergiftung. „Die verbreitete Auffassung, wonach jede Eutrophierung" — so wird von Welte die Zuführung von Nährstoffen bezeichnet, die Pflanzenwachstum im und am Gewässer fördert und damit den im Wasser lebenden Organismen eine verbesserte Nahrungsgrundlage schafft — „ein gewässerschädlicher Prozeß sei, ist wissenschaftlich unhaltbar". Er hat im Gegenteil in mehrjährigen Versuchen bzw. Beobachtungen nachweisen können, daß die Zufuhr angemessener Mengen an N und P sich auf Fischbestand und -wachstum nur günstig ausgewirkt haben, so daß im Gegensatz zu unterernährten Forellen (Steinforellen), wie sie in nährstoffarmen Gebirgsbächen vorkommen, in der oberen Leine Erträge von bis zu 500 kg Fisch (Forellen) je ha erreicht wurden. Auch bei uns wird die Düngung von Karpfenteichen seit Jahren angewandt. „Nur ein Übermaß an Pflanzennährstoffen ist schädlich, was immer dann der Fall ist, wenn das Nahrungsangebot die für einen optimalen Fischbestand benötigten Nahrungsmengen übersteigt." Welte spricht dann von Polytrophie [16].

Im Gegensatz dazu hat die Verschmutzung der Gewässer — das ist der Eintrag von Feststoffen und gelösten organischen Stoffen — fast immer schädliche Wirkung. Sie führt bei stärkerem Ausmaß durch für die Oxydation in Anspruch genommenen Sauerstoff nicht nur zur Bedrohung der im Wasser lebenden Organismen, sondern sogar zu ihrer Tötung. Als die gefährlichste Einwirkung auf die Gewässer bezeichnet Welte ihre Vergiftung durch Stoffe mineralischer oder organischer Herkunft — Treibstoffe, Schwermetalle, Zyanide, Säuren, Laugen, die in der Regel ja nicht aus der Landwirtschaft kommen, aber auch Jauche, Gülle, Mist-Sicker- und Silagesäfte. Sie stellen die „Schandbächlein" dar, die mit ordentlicher Wirtschaftsführung in der Landwirtschaft nichts zu tun haben — Verluste verursachen und auch schon deshalb zu vermeiden sind.

Das Gesamtaufkommen an Abwässern kann man nach „Bodenbürtigen Abflüs-

sen", Industrie-Abwasser und Abwasser aus Siedlungen, von Straßen und aus Haushaltungen unterscheiden. Eine Verschmutzung der Gewässer bzw. ein Nährstoffeintrag in sie, der zu Lasten der Landwirtschaft geht, erfolgt nach WELTE [16] durch
Oberflächenabfluß und Erosion
Sickerwasser und
Dränwasser.

Zu ihrer Bestimmung hat WELTE umfangreiche Untersuchungen durchgeführt. Danach fallen „die durch Oberflächenabfluß und mit dem Erosionsmaterial abgeführten Nährstoffmengen ... mit insgesamt 3,7 kg N/ha · a und 0,61 kg P/ha · a sehr gering aus und dürften nur unwesentlich zu einer Eutrophierung der Gewässer beitragen". Ob das oberflächlich ablaufende Wasser und mit ihm zusammen Erosionsmaterial überhaupt den Vorfluter erreichen, hängt von der Heftigkeit und Dauer der Niederschläge, von der Neigung der Flächen und von ihrem Bewuchs ab. Letzterer ist eindeutig Ergebnis menschlicher Tätigkeit bzw. vorbeugender Maßnahmen. Die oft zu beobachtende Trübung des Wassers nach Niederschlägen schreibt WELTE vorwiegend der Sohlen- und Ufer-Erosion im Bereich der Fließgewässer selbst zu, wie sie als Folge unsachgemäßer Meliorationsmaßnahmen auftritt.

Zur Ermittlung des Mineralstoffgehalts in Sickerwasser hat WELTE in Niedersachsen mehrjährige Untersuchungen durchgeführt. In ihrem Ergebnis konnte er feststellen, „daß unter den bewachsenen Parzellen lediglich während der vegetationsfreien Winter- und Frühjahrsmonate Sickerwasser auftrat. Im Gegensatz hierzu lieferten die Brachparzellen auch während der Sommermonate beachtliche Sickerwassermengen". Mit ihnen kamen auch bei hoher Phosphordüngung von 120 kg P_2O_5 als Superphosphat in 2 Jahren nacheinander weniger als 0,5 kg P/ha zur Auswaschung, die für die Belastung von Grund- und Oberflächenwasser keine Bedeutung haben. An N wurden in 18 Monaten auf bewachsenem Boden ohne Düngung 7,2 kg/ha, bei 180 kg N/ha — in 18 Monaten gegeben — 7,8 kg N/ha und bei insgesamt 360 kg N/ha erst 18,3 kg N/ha ausgewaschen. Anders ergaben sich bei Schwarzbrache Auswaschungen bis zu 220 kg N/ha. Es wird aber wohl kaum ein vernünftiger Mensch auf die Idee kommen, Schwarzbrache mit hohen Stickstoffgaben zu düngen.

Im Dränwasser ermittelte Gehalte an Nitrat lagen mit 6,77 mg/l und an Nitrit mit 0,05 mg/l so weit unter den bei MAUERSBERGER [8] angegebenen Grenzen von 40 mg/l bzw. 3 mg/l für Nitrate und Nitrite, daß auch durch sie keine schädigende Wirkung auf das Wasser zustandekommen kann. WELTE [16] kommt sogar zu dem Ergebnis, daß Dränwasser „trotz ihres im Vergleich zu P höheren N-Gehaltes ... zu einer Verdünnung und damit Entlastung" der anders verschmutzten Oberflächenwasser beitragen.

Die von WELTE gemachten Angaben hat MAUERSBERGER [8] in seinem Vortrag über „Wasserressourcen und ihre anthropogenen Veränderungen" vor dieser Klasse im Dezember 1976 bestätigt. Ihre Analyse ergibt aber, daß die Landwirtschaft mit Sicker- und Dränwasser zwar zur Eutrophierung der Gewässer im WELTEschen

Sinne, d. h. zur Verbesserung des Nahrungsangebots für Fische und andere Lebewesen beiträgt, aber nicht zur schädlichen Verschmutzung oder gar Vergiftung der Gewässer.

Auch nach Ehwald [1] können N-Auswaschungen selbst bei hohen Düngergaben durch sachkundigen Einsatz, vor allem zur Zeit der Nutzung durch die Pflanzen — aber auch Strohdüngung, Zwischenfrüchte, Gaben in der Vegetation — weitgehend nicht zuletzt in ökonomischem Interesse reduziert oder gar vermieden werden.

Den die Qualität des Oberflächenwassers beeinflussenden Verbrauch an Sauerstoff bewirken erst die mit häuslichen Abwässern eingebrachten organischen Massen, von denen aus der Landwirtschaft kommende Sicker- und Dränwasser frei sind. Anders als sie wirken deshalb auch Hof- und Waschwasser aus landwirtschaftlichen Produktionsstätten, Jauche und Gülle sowie Sickersäfte aus Miststätten und nicht ordnungsgemäß angelegten Lagerstätten für Futterkonservate (Silage).

Sie sind ihrer Natur nach nicht zu beseitigen, sind keine „Abprodukte“, sondern wertvolle Rohstoffe, deren Einsatz Grundvoraussetzung für die Fortführung des Produktionsprozesses darstellt. Sie gehören in den Boden — und sind bis dahin entsprechend zu behandeln. Ihr Abfluß stellt in jedem Falle einen Verlust dar, der zu vermeiden ist.

Wasserverschmutzungen und damit Beeinträchtigung der Umwelt durch die Landwirtschaft haben, wo sie immer wieder einmal auftreten, ihre Ursache nicht in moderner, ohne Mineraldünger und auch nicht ohne organische Düngung durchführbarer Produktion, sondern manchmal in Pannen, Havarien — manchmal auch in Nachlässigkeiten, die unverzeihlich und damit auch strafwürdig sind.

Da sie sich immer irgendwie auf menschliches Versagen zurückführen lassen, sind sie grundsätzlich durch Aufklärung, Belehrung und steigendes Verantwortungsbewußtsein vermeidbar. Es kommt überhaupt nicht zu ihnen, wenn schon mit der Projektierung von Anlagen für die Produktion mit großen Tierbeständen auch die Verwertung von Kot und Jauche berücksichtigt wird. Mit Recht bemängelte Unzulänglichkeiten bei der Entsorgung mancher Anlagen für industrielle Tierproduktion stellen keineswegs die Regel dar, sondern Ausnahmen unter den Tierbeständen in Großanlagen, die z. Z. noch keine 10% aller Nutztiere in der DDR erreicht haben.

Kot und Jauche, aber auch Siedlungsabfälle sind Nährstofflieferanten für die Pflanzenproduktion. Was an Kot und Müll heute in den Städten anfällt, ließe sich in der Landwirtschaft der DDR außer dem von ihr selbst erzeugten organischen Dünger mit Leichtigkeit einsetzen, wenn sich eine gleichmäßige Verteilung erreichen ließe. Leider ist das nicht der Fall und z. Z. auch noch nicht möglich, so daß große Mengen städtischer Abwässer ebenso zu erheblicher Verschmutzung unserer Gewässer beitragen wie ungeordnete Mülldeponien zur Belastung der Luft.

Nach Angaben von Sudhoff [13] und in [14] für die Schweiz dürften in der DDR nicht mehr als 0,75 Mill. t Kot und 7,5 bis 10,0 Mill. t Müll anfallen. Auf die landwirtschaftliche Nutzfläche gebracht entfielen auf 1 ha nicht mehr als 1,2 dt Kot und etwa 12 dt Müll.

Während aus landwirtschaftlichen Nutzflächen bei Auswaschungen von 0,1 bis 0,5 kg/ha · a im Durchschnitt etwa 0,3 kg/ha · a allenfalls 1860 t P — WELTE gibt für die BRD mit 13,3 Millionen ha landwirtschaftlicher Nutzfläche 3500 t an und bezeichnet diese Menge als mit ziemlicher Sicherheit zu hoch geschätzt — in Gewässer kommen, sind es in der DDR bei 2 g P je Einwohner täglich aus Waschmitteln und 1 g P aus physiologischem Stoffwechsel [8]. 18 615 t P, also mindestens 10mal soviel wie aus den gedüngten und ungedüngten Böden. Der von MAUERSBERGER angegebene obere Stickstoffeintrag mit 50 kg/ha · a kann wohl als Einzelfall bei falscher Anwendung von Stickstoffdünger eintreten, ist aber allgemein mit 50 bis 60% der insgesamt ausgebrachten Menge zweifellos zu hoch. Bei Annahme einer Menge von 10 kg N/ha · a, die über der von WELTE ermittelten liegt, ergeben sich 62 000 t N aus der Landwirtschaft, denen bei 14 g N/Einwohner am Tag 86 870 t N aus häuslichen Abwässern gegenüberstehen.

Das sind bei einem Einsatz von insgesamt 754,9 T t N und 424,8 T t P_2O_5 = 186,9 T t P, also jeweils mehr als 10% des Gesamtaufwandes.

Was Eutrophierung oder Verschmutzung des Wassers bewirkt, kann, in den Boden gebracht, dem Nährstoffkreislauf von Boden und Pflanzen zugeführt als Material zur Steigerung der Pflanzenproduktion genutzt werden. Dem Boden kommt dabei besondere Bedeutung zu. EHWALD [1] hat vor dieser Klasse über die Funktion des Bodens als Wasserspeicher und Wasserfilter sowie über seine Sanierungsfunktion bei der schadlosen Beseitigung von Abfallstoffen, insbesondere organischer Natur, wie sie im Abwasser enthalten sind, berichtet. Danach sollte kommunales und industrielles Abwasser zunehmend zur Bewässerung landwirtschaftlicher Nutzfläche eingesetzt werden. Damit würde auch eine Reinigung des Wassers erfolgen und seine Rückführung in den natürlichen Kreislauf. Einen solchen Zustand zu erreichen, bei dem die Kapazitäten der Landwirtschaft, im besonderen ihr Boden dazu genutzt werden, Verschmutzungen zu vermeiden bzw. Abfallstoffe aus anderen Bereichen der Produktion aufzunehmen, erfordert langfristige Maßnahmen, die wegen der damit verbundenen hohen Aufwendungen wohl nur im Zuge erweiterter oder einfacher Reproduktion von Entsorgungsanlagen getätigt werden können. Die Landwirtschaft verfügt über die dafür erforderlichen Voraussetzungen.

Weit über den Abwässern aus Haushalten steht die Gewässerverschmutzung durch die Industrie. MAUERSBERGER [8] zählt nur die hauptsächlichsten eingebrachten Stoffe auf, ohne sie zu quantifizieren. Ihre Wirkung ist für alle Flußanwohner der DDR oder auch die Besucher der agra in Leipzig offensichtlich. Mit der Landwirtschaft hat sie nichts zu tun.

Außer den im Abwasser enthaltenen Schmutzfrachten kann der Boden erhebliche Emissionen aus industriellen Verbrennungs- bzw. Umwandlungsprozessen ohne nachhaltigen Schaden aufnehmen. Das bei ihnen freiwerdende CO_2 trägt mit Sicherheit zur Ertragsbildung bei den Pflanzen bei, ist doch Kohlensäure-„Düngung" ein seit Jahren bekanntes Verfahren der Produktion in Gewächshäusern mit Hydroponik. Während mit den Niederschlägen in Flüsse und Seen kommende Schadstoffe aus der Atmosphäre, vor allem SO_2, aber auch Nitrit und Nitrat zu Vergiftungserscheinungen im Wasser führen können, werden sie und andere zugeführte Stoffe, wie sie vor allem bei Ehwald [1] genannt werden (Blei, Fluor, Kupfer, Zink, Chrom, Cadmium, Bor und sogar Strontium), vom Boden relativ schnell unschädlich gemacht, — wenn sie nicht in zu großen Mengen eingebracht werden und ihr Vorhandensein bei der Nutzung des Bodens bzw. seiner Bearbeitung berücksichtigt wird. Selbst in der Nähe von Autobahnen mit Blei angereichertes Gras ist nach unlängst veröffentlichten Ergebnissen von Schafen ohne Schädigung aufgenommen und gut verwertet worden.

Zum Verhalten organischer Verbindungen im Boden hat Heinisch [5] gleichfalls vor dieser Klasse berichtet. Er stellt fest: „Für alle chemischen und physikalisch-chemischen Ab- und Umbauprozesse stellt der Boden einen idealen Reaktionskessel dar ... Pflanzenschutzmittel, Herbizide oder Wachstumsregulatoren entfalten ihre biozide Wirksamkeit ... und werden hierauf nach mehr oder weniger kurzen Zeitspannen ... mineralisiert."

Dieser „ideale Reaktionskessel" läßt sich aber auch dort immer wieder herstellen, wo von anderen „extraktiven Industrien", wie bei uns vor allem vom Braunkohlenbergbau, zunächst eine völlige Zerstörung des Bodens erfolgt ist. Rekultivierte Bergbauflächen machen bei richtiger Behandlung gleiche, evtl. sogar höhere Erträge als vor dem Abbau der Bodenschätze möglich.

Boden, Wasser und Luft als die wichtigsten naturgegebenen Produktionsmittel der Landwirtschaft werden durch sie, d. h. durch die Tätigkeit des Menschen bei der Produktion von Pflanzen, zwar zunehmend in Anspruch genommen — aber immer wieder in den für die Fortführung der Produktion erforderlichen Zustand versetzt. Mit dem Ergebnis menschlicher Tätigkeit werden dabei im Gegensatz zu allen Bereichen gesellschaftlicher Produktion Energie-Mengen gewonnen, die ein Vielfaches der eingesetzten Energie betragen und in den erzeugten Nahrungsmitteln wichtigste Existenzgrundlage der Menschen sind.

Bleibt schließlich noch die auch von Ringpfeil aufgeworfene Frage, ob und inwieweit die Landwirtschaft in der Lage ist, ihren Bedarf an Fremdenergie selbst zu erzeugen und darüber hinaus für andere Bereiche der Produktion Energie zur Verfügung zu stellen. Interessant ist dazu die Tatsache und auch der Hinweis von Preuschen [10], daß man schon bis zum Ende des letzten Krieges für Schleppermotoren Generatoren zur Gaserzeugung aus Holz oder Strohbriketts zur Betriebsreife entwickelt hatte. Für den Ersatz des heute in der Landwirtschaft verbrauchten Treibstoffes bedarf es zweifellos zusätzlicher technischer Entwicklungen, an denen inzwischen in verschiedenen Ländern gearbeitet wird, vor allem aber auch einer weiteren Steigerung der Produktion von organischer Masse. Weitere Ertragssteigerungen sind möglich, wenn zusätzliche Mengen an Grundmaterial eingesetzt werden können — und die Produktion zunehmend als geschlossenes System betrieben wird. Bei einer Produktion von derzeitig 50 bis 55 Mill. t Trockenmasse auf der landwirtschaftlichen Nutzfläche der DDR — den Wald nicht eingerechnet — reichen 10% sicher aus, um an Brutto-Energie das Doppelte von dem zu erbringen, was im gesamten von der Landwirtschaft der DDR verbrauchten Dieselkraftstoff enthalten ist.

Äthanol-Herstellung ist lange Zeit fast ausschließlich von der Landwirtschaft betrieben worden und hat zu einer erheblichen Intensivierung der Produktion geführt. Der Einsatz von Äthanol als Energieträger ist technisch möglich, wenn auch noch nicht alle seine Probleme gelöst sind. Landwirtschaftliche Spiritusbrennereien hatten Kapazitäten von 100 bis 200 Tausend Litern Alkohol, die aus 1000 bis 2000 t Kartoffeln oder nur 200 bis 400 t Getreide, in Betrieben, die damals ihrer Fläche nach viel kleiner waren als unsere heutigen sozialistischen Großbetriebe, hergestellt wurden. Ob die Herstellung von Methanol in ähnlich großen Anlagen möglich ist oder industrielle Großproduktion erfordert, müssen noch durchzuführende Untersuchungen zeigen. Man kann aber Ringpfeil nur zustimmen, daß eine Nutzung der theoretischen Möglichkeiten, auch andere organische Masse als Stärke in für den Betrieb von Kraftmaschinen geeigneten Treibstoff (Methanol) zu verwandeln, nicht als „Klein-Klein-Arbeit" bezeichnet werden sollte. Das gilt vor allem für die Erforschung der dafür erforderlichen technologischen Grundlagen. Es ist zwar nicht anzunehmen, daß der Ersatz von 20 Millionen Tonnen importierten Erdöls damit möglich würde. Jede Tonne mehr produzierter Masse — und nach Müncheberger Höchstertragsversuchen liegt eine Verdoppelung der derzeitigen Erträge durchaus im Bereich des Erreichbaren — wäre Rohstoff für die Herstellung allseitig verwendbaren Äthanols.

Der Boden als Standort der Pflanzenproduktion reinigt das auf ihn fallende oder ihm zugeführte Wasser von organischen und mineralischen Stoffen. Der Einsatz häuslicher Abwässer in der Pflanzenproduktion könnte eine wesentliche Entlastung der Gewässer bringen. Gleiches gilt für Industrieabwässer. Ihnen kann sogar zugunsten höherer Pflanzenproduktion überschüssige Wärme entzogen werden.

Die aus dem Boden ausgewaschenen Mineralstoffe können bei normalen Verhältnissen sogar von Vorteil für das Nahrungsaufkommen in Gewässern sein.

Alle organischen Stoffe, die als Pflanzenschutzmittel in den Boden kommen, werden, wenn ihre Mengen nicht zu groß werden, in kurzer oder längerer Zeit abgebaut. Selbst aus Emissionen der Industrie stammende Giftstoffe organischer Art bis zu den Schwermetallen werden im Boden unschädlich gemacht.

Faßt man zusammen, so kommt man zu dem Schluß: Es ist falsch, die Landwirtschaft als einen der Hauptverschmutzer oder gar als den Hauptverschmutzer der Umwelt zu bezeichnen. Sie hat keine Abprodukte, und die in ihr betriebene Pflanzenproduktion kann in einem geschlossenen System als „Rückgewinnungswirtschaft" erfolgen.

Von der Schaffung des täglichen Bedarfs an Nahrungsgütern bis zu einem in Zukunft zu erwartenden Beitrag zur Versorgung mit Energie für den eigenen Bedarf und für andere Bereiche der Volkswirtschaft wird in der Landwirtschaft eine Produktion durchgeführt, die nicht nur als geschlossenes System gestaltet werden kann, nicht nur ein Vielfaches an Energie von dem, was sie verbraucht, in ihren Produkten liefert, sondern auch bei sachgemäßer, vernünftiger Organisation die Umwelt ständig im Sinne einer Verbesserung der Lebensbedingungen der Menschen beeinflußt.

Pannen bzw. Havarien, wie sie vor allem in der Tierproduktion auftreten, lassen erkennen, daß bestimmte Prozesse noch nicht voll beherrscht werden bzw. organisiert worden sind, ohne sie bis zum Ende durchdacht zu haben. Auch was in ihnen an gelegentlich die Umwelt belastendem Material anfällt, ist Rohstoff für die Pflanzenproduktion. Einen Verzicht auf seine Nutzung durch einfache Beseitigung können wir uns gar nicht leisten.

Mißbrauch von Mitteln, Nachlässigkeit im Umgang mit Abprodukten, aber auch Unkenntnis können Schäden verursachen, die lange nachwirken können. Sie zu vermeiden liegt in unserer, der Menschen Hand, damit Landwirtschaft als umweltfreundliche Landwirtschaft betrieben wird.

Literatur

[1] Ehwald, E.: Bodenkundliche Probleme in Umweltnutzung, Umweltgestaltung und Umweltschutz, in: Boden und Umwelt, Sitzungsberichte der Akademie der Wissenschaften der DDR, Heft **12** N/1975.

[2] Graf, Chr.: Die Wirkung der räumlichen Umweltbedingungen auf den Menschen als wesentlicher Bestandteil des materiellen und kulturellen Lebensniveaus. Wiss. Z. Hochsch. Ökon. „Bruno Leuschner" Berlin, **17** (1972) 2, S. 65—76, Zitiert nach Literaturbericht (17).

[3] Haase, G.: Gedanken zur Inhaltsbestimmung des Beziehungssystems Mensch—Umwelt. Akademie der Wissenschaften der DDR, Berlin „Wissenschaftliche Thesen" Heft 3, Jahrg. 1972.

[4] Heinig, B.: Reproduktionszahlen und Produktionsfunktionen als Mittel betrieblicher Futterplanung. Diss., Karl-Marx-Universität Leipzig, Sektion Tierproduktion und Veterinärmedizin 1976.

[5] Heinisch, E.: Stand und Perspektiven der Verminderung von Umweltbelastungen durch Agrochemikalien, in: Boden und Umwelt, Sitzungsberichte der Akademie der Wissenschaften der DDR. Heft **12** N/1975.

[6] Honecker, E.: Beratung des Sekretariats des ZK der SED mit den 1. Sekretären der Kreisleitungen, Rubrik: Moderne Landtechnik immer besser ausnutzen. ND v. 18./19. 2. 1978.

[7] Kramer, D., Krüger, W., Wotzka, J., Schöbel, A.: Die landwirtschaftliche Produktion und ihre Beziehungen zur Wasserwirtschaft unter spezieller Berücksichtigung des Einflusses auf die Wassergüte. Übersichtsinformationen, Band 7, Nr. 2/72.

[8] Mauersberger, P.: Wasserressourcen und ihre anthropogenen Veränderungen, Sitzungsberichte der Akademie der Wissenschaften der DDR, Heft **22** N/1977.

[9] Mottek, H.: Das Problem der natürlichen Umwelt unter dem Aspekt der gesellschaftlich-ökonomischen Aktivität. Akademie der Wissenschaften der DDR, Berlin. „Wissenschaftliche Thesen" Heft 3, Jahrg. 1972.

[10] Preuschen, G.: Energiebedarf verschiedener Organisation der Arbeit in Familien-Betrieben. Kongreßmaterial des XVIII CIOSTA-Kongreß, September 1977, Budapest-Gödöllö.

[11] Ringpfeil, M., Böhme, H., Keil, G., Philipp, B.: Bedeutung und Einfluß der Chemie auf die Entwicklung der industriemäßigen Produktion der Landwirtschaft. Vortrag vor dem Plenum der Akademie der Wissenschaften der DDR, Berlin, v. 13. 4. 1978.
[12] Statistisches Jahrbuch der DDR 1977: S. 191 ff.
[13] Sudhoff, G.: Volkswirtschaftliche Einordnung und Aufgaben der Dienstleistung Siedlungsabfallbeseitigung unter dem Aspekt des Schutzes und der Gestaltung der natürlichen Umwelt in der DDR. Martin-Luther-Universität Halle-Wittenberg, Sektion Wirtschaftswissenschaften. Diss.-Thesen 1973, Halle.
[14] Umweltschutz und Wirtschaftswachstum. Referate und Seminarergebnisse. Hrsg. M. P. von Walterskirchen, München BLV Verlagsgesellschaft 1972. Zitiert nach Literaturbericht (17).
[15] Welte, E.: Zur Frage der Gewässerverunreinigung, in: Die Phosphorsäure, 1974, Bd. 30, Folge 2, S. 121—139.
[16] Welte, E., Timmermann, F.: Anteil der Abwässer landwirtschaftlicher Herkunft an der Eutrophierung und Belastung der Fließgewässer. Berichte über Landwirtschaft Bd. 55 (1977/78) Heft 4, S. 665—682. Paul Parey, Berlin und Hamburg 1978.

FSC
www.fsc.org
MIX
Papier | Fördert
gute Waldnutzung
FSC® C083411

Kolibri 360 GmbH
Ferdinand-Jühlke-Straße 7
99095 Erfurt, Deutschland
produktsicherheit@kolibri360.de